LES CHEMINS DE FER

DE LA

TURQUIE D'EUROPE

LES CHEMINS DE FER

DE LA

TURQUIE D'EUROPE

VERSAILLES

IMPRIMERIE CERF ET FILS

59, RUE DUPLESSIS

1885

LES
CHEMINS DE FER
DE LA
TURQUIE D'EUROPE

En 1869, à une époque où l'Europe entière était déjà sillonnée de chemins de fer, la Turquie d'Europe ne possédait encore que la ligne ferrée de Roustchouk à Varna, d'une étendue de 224 kilomètres, concédée à une compagnie ‘anglaise. Cette ligne est la base d'un triangle dont les deux autres côtés sont formés, l'un par le Danube et l'autre par la mer Noire. Un chemin de fer placé dans ces conditions ne présentait, on le conçoit, qu'une importance secondaire pour l'ensemble de la Turquie d'Europe, et un intérêt presque nul pour les relations internationales. Les hommes d'État qui gouvernaient la Turquie à cette époque éprouvèrent le besoin de prendre les mesures nécessaires, d'une part pour développer les ressources de leur pays en y établissant des voies de communication rapides, d'autre part pour raccorder ces voies de communication avec les réseaux de chemins de fer du reste de l'Europe. C'est dans ce but que, au cours de l'an-

Origine de la concession.

née 1869, le Gouvernement Ottoman envoya en Europe son Ministre des Travaux Publics, Davoud Pacha.

Davoud Pacha s'arrêta d'abord à Vienne. Il y rencontra de vives sympathies dans les régions officielles ; car dès cette époque le Gouvernement Austro-Hongrois attachait, à bon droit, une grande importance à l'établissement d'un réseau de chemins de fer sur le territoire de la Turquie d'Europe, réseau qui serait relié, par l'entremise des lignes austro-hongroises, à l'ensemble des voies ferrées européennes. Malgré ces bonnes dispositions, Davoud Pacha ne réussit point à atteindre, en Autriche, le but de sa mission. Il se rendit alors à Paris et il se mit en rapport avec le baron de Hirsch.

Dès les premiers pourparlers, le baron de Hirsch, tout en ne repoussant pas les ouvertures de Davoud Pacha, ne se fit point illusion sur les difficultés de l'œuvre à entreprendre. Il déclara qu'il ne pouvait consentir à se charger d'une aussi lourde tâche qu'avec de puissantes alliances. Il désigna, comme le concours le plus efficace qui pût lui être apporté, celui de la maison de Rothschild. C'est alors que, se souvenant du favorable accueil qu'il avait reçu à son passage à Vienne, Davoud Pacha fit les démarches nécessaires pour assurer au baron de Hirsch la coopération de la Société des Chemins de fer du Sud de l'Autriche, dont le Conseil d'Administration était présidé par le baron Alphonse de Rothschild. Ces démarches, poursuivies pendant les mois de mars et avril 1869, aboutirent à un résultat satisfaisant. Le 17 avril 1869, à Paris, Davoud Pacha signa au nom de son Gouvernement, sous réserve de la ratification de celui-ci, les conventions qui ont été la

base de l'affaire des chemins de fer de la Turquie
d'Europe, et qui vont être résumées.

I

Conventions de 1869.

Ces conventions comprenaient deux actes principaux :
un traité de concession passé entre le Gouvernement
Ottoman et le baron de Hirsch, traité portant à la fois
sur la construction et sur l'exploitaiton du réseau ottoman ; un contrat d'exploitation passé simultanément
entre le baron de Hirsch et la Société des Chemins de fer
du Sud de l'Autriche, contrat par lequel le concessionnaire louait l'exploitation, pour toute la durée de la
concession, à la Société autrichienne.

Le réseau à construire se composait :
Description
du réseau.
1° D'une ligne principale partant de Constantinople,
traversant Andrinople, Philippopoli, Sofia, Nisch, Pristina, Serajewo, et aboutissant à la frontière autrichienne
près de la Save ;
2° De quatre embranchements se détachant de cette
ligne principale et se dirigeant, le premier d'Andrinople
vers l'Archipel, le second de Philippopoli vers Bourgas et
la mer Noire, le troisième de Pristina vers Salonique, le
quatrième de Nisch vers la frontière serbe.
La longueur totale du réseau ainsi composé atteignait
2,5oo kilomètres environ. Le délai d'exécution était fixé
de sept à dix ans, sauf le cas de force majeure.

Pour procéder à la construction du réseau, le concessionnaire disposait des deux ressources suivantes :

1° Une rente annuelle de 14,000 fr. par kilomètre, à servir par le Gouvernement Ottoman pendant toute la durée de la concession, c'est-à-dire pendant 99 ans. Le concessionnaire était autorisé à réaliser cette rente au moyen d'une émission de titres d'État dont la forme devait être arrêtée d'un commun accord entre lui et le Gouvernement ;

2° Une redevance de 8,000 fr. par kilomètre et par an, à servir par la Compagnie exploitante, également pendant toute la durée de la concession.

Le concessionnaire disposait donc en totalité de 22,000 fr. de rente par kilomètre construit. Les intérêts, c'est-à-dire la rente de 22,000 fr. par kilomètre et par an, demeuraient à sa charge pendant la période de construction. L'État se chargeait de lui fournir les terrains nécessaires, moyennant paiement de 10,000 fr. par kilomètre.

En ce qui concerne la partie du réseau située en Bosnie, partie qui offrait des difficultés d'exécution toutes particulières, une convention spéciale stipulait que la dépense au-delà de 250,000 fr. par kilomètre resterait pour les trois quarts à la charge du Gouvernement, qui aurait à fournir à cet effet des ressources spéciales.

Ce n'est point sans prendre de sages précautions que la Société des Chemins de fer du Sud de l'Autriche avait assumé l'obligation de servir au concessionnaire, comme on vient de le voir, une rente de 8,000 fr. par kilomètre exploité. Elle n'avait envisagé la possibilité d'une pareille charge que pour un réseau complètement achevé, exploité pendant trois ans au moins après son entier ·

achèvement, relié au reste de l'Europe, et desservi à l'intérieur du pays par un réseau de routes. Jusqu'à l'accomplissement de ces diverses conditions, il était entendu que la rente de 8,000 fr. par kilomètre exploité serait, non pas à la charge de la Compagnie exploitante, mais à la charge de l'État Ottoman, et il devait être formé, pour en assurer le service, un fonds de garantie alimenté par des versements successifs du Gouvernement Ottoman, à raison de 6,500,000 fr. par an. Ce fonds devait, en dix ans, s'élever à 65,000,000 fr., plus les intérêts qui devaient s'ajouter au capital. Par suite, en attendant l'achèvement complet du réseau ainsi que l'exécution des routes, c'était au Gouvernement Ottoman qu'incombait le paiement de la rente de 8,000 fr., et le Gouvernement se trouvait ainsi obligé de payer au concesionnaire pendant toute la période transitoire, c'est-à-dire pendant 10 ans au minimum, non pas 14,000 fr., mais bien 22,000 fr. par kilomètre.

Pendant cette même période transitoire, il était convenu que la Compagnie exploitante prélèverait sur la recette brute 12,000 fr. par kilomètre et par an pour se couvrir de ses frais d'exploitation et des intérêts de son matériel roulant. L'excédant au-delà de 12,000 fr. par kilomètre jusqu'à concurrence de 22,000 fr. devait se partager à raison de quatre cinquièmes pour l'État et un cinquième pour la Compagnie. Enfin, l'excédant au-delà de 22,000 fr. de recettes brutes par kilomètre devait, soit avant soit après la période transitoire, se partager à raison de cinq dixièmes pour la Compagnie exploitante, trois dixièmes pour le Gouvernement, et deux dixièmes pour le concessionnaire.

Telle est, en résumé, la combinaison qui a servi de

base à la rédaction des conventions du 17 avril 1869. Elle se trouve très nettement exposée, en ce qui concerne l'exploitation, dans le rapport qui a été présenté le 19 juillet 1869 à l'assemblée générale des actionnaires de la Société des Chemins de fer du Sud de l'Autriche, par le Conseil d'administration de cette Société, pour lui proposer la ratification de la convention. Ce rapport, dont un extrait est reproduit aux annexes, explique nettement comment il eût été impossible à la Compagnie d'assumer l'obligation de payer 8,000 fr. par kilomètre et par an sur un réseau privé de toute communication avec le reste de l'Europe et même avec l'intérieur du pays, et pourquoi le Gouvernement a dû prendre à sa charge, envers le concessionnaire, le paiement de cette rente pendant toute la période des exploitations partielles, et pendant les trois premières années de l'exploitation totale du réseau.

Constitution d'une Compagnie d'exploitation. Les conventions du 17 avril 1869 une fois conclues, on se mit immédiatement à l'œuvre pour l'organisation de l'entreprise. Mais, dès l'abord, une première difficulté se présenta. Bien que la convention d'exploitation eût reçu à l'unanimité la sanction de l'assemblée générale extraordinaire des actionnaires de la Société des Chemins de fer du Sud de l'Autriche, elle resta sans suite à cause d'un désaccord survenu entre le Comité de Paris et le Conseil de Vienne. Cet incident aussi inattendu que regrettable, survenu au mois de juillet 1869, avant la ratification du Gouvernement Ottoman, mit de nouveau en question toute l'affaire des Chemins de fer de la Turquie d'Europe. Il fallut faire les plus vigoureux efforts pour suppléer au défaut de la Société des Chemins de fer du Sud de l'Autriche, et pour constituer, à la place de cette Société, une Compagnie d'exploitation. Ces efforts furent couronnés de succès. Le baron de Hirsch, aidé notamment de M. Paulin Talabot, qui avait été l'âme de la combinaison préparée avec la Société des Chemins de fer du Sud de l'Autriche, de M. Blount, administrateur de la Société Générale, et de M. Hentsch, aujourd'hui président du Comptoir d'Escompte, réalisa la constitution d'une Société anonyme au capital de 5o millions de francs, qui se substitua purement et simplement à la Société des Chemins de fer du Sud de l'Autriche pour l'exécution du contrat d'exploitation du 17 avril 1869. Rien ne s'opposait plus, dès lors, à la ratification du Gouvernement Ottoman, qui intervint au mois d'octobre de la même année.

Immédiatement après cette ratification, les mesures les plus énergiques furent prises pour la mise en train des travaux de construction. Le concessionnaire, usant de la faculté qui lui était accordée par l'acte de concession, avait fait apport de cette concession à une Société anonyme, la Société Impériale des Chemins de fer de la Turquie d'Europe, formée avec l'autorisation de la Sublime Porte. Cette Société commença par s'entendre avec le Gouvernement sur la forme du titre d'Etat qui devait être créé pour la réalisation de la rente de 14,000 fr. par kilomètre, attribuée au concessionnaire à titre de subvention. Il fut entendu que ce titre consisterait en une obligation 3 o/o, au capital nominal de 400 fr., rapportant, par conséquent, 12 francs d'intérêt annuel et donnant droit, indépendamment de la chance

Exécution de la convention.

de remboursement au pair, à des primes considérables qui devaient être allouées par six tirages annuels. C'est le titre qui est connu sous le nom d'obligation des Chemins de fer de la Turquie d'Europe ou de Lot Turc. Il fut convenu également que l'on adopterait comme base, pour fixer le montant de l'emprunt à émettre, un réseau de 2,000 kilomètres, c'est-à-dire, à raison de 14,000 fr. par kilomètre, une annuité de fr. 28,000,000. Comme le revenu annuel attribué à chaque obligation s'élevait à 12 francs d'intérêt et à une chance de sortie au tirage représentant par an fr. 2,14 cent. environ, chaque obligation jouissait de fr. 14, 14 cent., par an, et l'annuité totale de fr. 28,000,000, divisée par fr. 14, 14 cent. donnait comme nombre d'obligations à créer 1,980,000. Il fut arrêté entre le Gouvernement et la Société Impériale que ces obligations feraient l'objet d'émissions successives, et la Société Impériale fut autorisée à procéder à une première émission de 750,000 obligations qui eut lieu en 1870.

Avec les ressources produites par cette première émission, et par la création simultanée de Bons représentant la redevance de 8,000 francs de la Compagnie exploitante, la Société Impériale commença la construction au cours de l'année 1870. Elle entreprit d'abord, sur l'invitation du Gouvernement, les lignes qui se dirigeaient de la mer vers l'intérieur du pays, c'est-à-dire celles de Constantinople à Andrinople et Philippopoli, de l'Archipel à Andrinople, et de Salonique à Uskub. Les travaux de construction de ces lignes rencontrèrent, dès le début, de très graves difficultés. Il s'agissait d'établir un réseau de chemins de fer dans un pays à peu près inconnu, dénué de toutes ressources, dans un pays dont

il n'existait aucune carte pouvant servir de base à des
études sérieuses, où il était impossible de trouver le personnel technique indispensable, et dont la population
envisageait avec hostilité la présence d'ingénieurs et
d'employés étrangers. De plus, au moment même où la
construction commençait, la guerre venait d'éclater entre
la France et l'Allemagne, entravant toutes les opérations
de crédit, enlevant à la Société et à ses entrepreneurs
une partie des auxiliaires dont ils avaient besoin. Malgré
tous ces obstacles, malgré une révolte qui éclata en
Bosnie dans l'été de 1871, et qui interrompit entièrement, pendant plusieurs mois, la construction de la ligne
de Banjalouka, les travaux furent poussés avec vigueur pendant la fin de l'année de 1870 et toute l'année
1871.

Tandis que la Société Impériale se consacrait ainsi à *Modifications*
l'accomplissement de l'œuvre qu'elle avait entreprise, *dans le*
une modification profonde s'opérait dans les conseils et *Gouvernement*
dans les intentions du Gouvernement Ottoman. *Ottoman.*

Le Grand-Vizir Aali Pacha, qui avait été l'inspirateur
des actes de 1869, et que ses inclinations personnelles
aussi bien que ses idées politiques poussaient à mettre
son pays en relations étroites avec l'Europe occidentale,
mourait en 1871. Mahmoud Pacha prenait sa place à la
tête des affaires, et y apportait un esprit tout différent.
Les sympathies d'Aali Pacha et de ses collègues s'étaient
dirigées vers la France et l'Angleterre ; celles de
Mahmoud Pacha se tournaient de préférence vers
la Russie. Le premier avait conçu le réseau des chemins de fer de la Turquie d'Europe comme devant se
relier étroitement, par la Bosnie et par la Serbie, avec

celui de l'Autriche; le second arrivait au pouvoir avec la
résolution de renoncer à tout raccordement avec l'Autriche, et de réaliser une jonction avec la Roumanie et
la Russie. Pour arriver à ce but, il fallait résilier ou bou-
leverser profondément les conventions conclues le 17
avril 1869, qui étaient en voie d'exécution. Le Gouvernement Ottoman, dans l'hiver de 1871 à 1872, n'épargna
aucun moyen de pression pour amener la Société Impériale et la Compagnie d'exploitation à se prêter à ses
vues. Les deux Sociétés, qui auraient préféré de beaucoup, pour des motifs qui seront indiqués plus loin,
maintenir et mener à terme la combinaison arrêtée en
1869, essayèrent de résister à la pression qui était ainsi
exercée sur elles. Mais, dans les conditions où elles se
trouvaient placées, une lutte prolongée était difficile.
Après une résistance dont leur correspondance a con-
servé la trace, les Sociétés finirent par céder, tout au
moins en partie, à la volonté de la Sublime-Porte, et
conclurent avec celle-ci les conventions qui portent la
date du 18 mai 1872, conventions qui sont encore actuellement en vigueur.

II.

Conventions de 1872.

Bien que ces conventions diffèrent sensiblement, sur
certains points, de celles de 1869, on y trouve néanmoins en partie les bases fondamentales posées à l'origine, notamment en ce qui concerne les conditions
financières de la construction et les garanties données
à la Compagnie exploitante.

Les modifications essentielles sont celles-ci. En premier lieu, la concession de 1869 est résiliée. De concessionnaire de la construction et de l'exploitation qu'elle était en 1869, la Société Impériale est réduite au rôle d'un simple entrepreneur, chargé par le Gouvernement de la construction de certaines lignes, mais n'ayant plus aucun rapport avec la Compagnie d'exploitation. Celle-ci devient locataire, non plus de la Société Impériale, comme en 1869, mais du Gouvernement. La durée du bail est réduite de 99 ans à 50 ans. Le loyer reste fixé à 8,000 francs par kilomètre et par an; mais, tandis que d'après les conventions de 1869 il n'incombait à la Compagnie exploitante que trois ans après la mise en exploitation du réseau tout entier comprenant la ligne de Bosnie, il doit commencer à courir, suivant les conventions de 1872, à des dates plus rapprochées, dépendant de l'exécution de lignes que le Gouvernement Ottoman s'engage à construire ou à faire construire.

Quant à la constitution même du réseau, elle est profondément modifiée. La Société Impériale se bornera à achever les lignes dont la construction est en cours, c'est-à-dire celle de Constantinople à Andrinople, Philippopoli et Bellova, celle d'Andrinople à Dédéagatch sur l'Archipel, celle de Salonique à Uskub et celle de Banjalouka à la frontière autrichienne. Elle construira en outre, dans le délai de 30 mois, deux autres sections, celle qui va des environs d'Andrinople vers le Nord jusqu'à Yamboli, et celle qui, partant d'Uskub, franchit le faîte des Balkans et aboutit à Mitrovitza sur la limite de la Bosnie. La longueur de ces diverses lignes sera

*Constitution
du réseau.*

de 1,280 kilomètres au maximum. Quant au reste du réseau concédé en 1869, c'est-à-dire à la ligne de Philippopoli à Bourgas, à celle de Sophia et Nisch vers la Serbie, à celle de Nisch vers Pristina, et à celle de Bosnie, la concession en est abandonnée, et la Société Impériale n'aura plus à s'en occuper. Elle entrera en liquidation dans le délai de six mois, et disparaîtra dès qu'elle aura achevé la construction des lignes qu'elle reste chargée d'exécuter.

Ressources affectées à la construction. Afin de construire les 1,280 kilomètres qui forment désormais son entreprise, la Société Impériale dispose, sous le régime des conventions de 1872, comme sous le régime des conventions de 1869, d'une rente de 22,000 fr. par kilomètre. Seulement, tandis qu'en 1869, la Société Impériale avait à recevoir 14.000 fr. à titre de subvention du Gouvernement et 8.000 fr. à titre de rente de l'exploitation, rente mise à la charge du Gouvernement pendant la période transitoire, la Société Impériale recevra, d'après les conventions de 1872, 22.000 fr. de rente du Gouvernement seul, et le Gouvernement recevra par contre, après la période transitoire, le loyer de 8,000 fr. de la Compagnie d'exploitation. Les 1,980,000 obligations à primes, qui devaient réaliser à l'origine la rente de 14,000 fr. par kilomètre sur 2,000 kilomètres, réaliseront désormais la rente de 22,000 fr. par kilomètre sur le réseau réduit de 1,250 kilomètres, que la Société Impériale reste chargée d'exécuter. D'un autre côté, la Société Impériale renonce à la part de recettes de l'exploitation qui lui était assurée par les conventions de 1869, et la somme à payer par elle à l'État pour les terrains est réduite de 10,000 francs à 5,000 francs par kilomètre.

Quant à la Compagnie d'exploitation, elle prendra successivement livraison des lignes à construire par la Société Impériale, et en assurera l'exploitation. Ces lignes, comme le démontre un simple coup d'œil jeté sur la carte ci-jointe, ne pouvaient pas constituer un réseau proprement dit, puisqu'elles n'étaient ni reliées entre elles, ni reliées à l'Europe. C'est ici que se manifeste la portée toute particulière des conventions de 1872, et que se dénotent les intentions auxquelles le Gouvernement Ottoman a obéi en les signant. Il ne prend envers la Compagnie d'exploitation aucun engagement quelconque en ce qui concerne la jonction du réseau ottoman avec les lignes austro-hongroises. Il ne s'oblige à exécuter dans un délai déterminé ni le raccordement de Sofia vers Nisch, ni le raccordement de Nisch vers Pristina, ni le raccordement à travers la Bosnie, toutes lignes qui étaient concédées en 1869 et qui cessent de l'être en 1872. Par contre, et sa liberté une fois reprise de ce côté, le Gouvernement Ottoman comprend qu'il serait impossible à la Compagnie exploitante de payer une rente de 8,000 fr. par kilomètre et par an sur un réseau qui resterait à l'état de tronçons isolés, qui ne serait pas muni des débouchés nécessaires. Il contracte, en conséquence, envers la Compagnie exploitante divers engagements qui ont tous pour but, soit de relier entre elles les lignes à construire par la Société Impériale, soit d'assurer au réseau une jonction vers le Nord-Est de l'Europe, et non plus vers le centre et l'Ouest, soit enfin d'alimenter le trafic. Ces engagements sont les suivants :

Conditions de l'exploitation.

*Engagements
du
Gouvernement.*

1º La Compagnie d'exploitation est chargée de construire dans le délai de trois ans, aux frais du Gouvernement, et moyennant 175,000 fr. par kilomètre, une ligne nouvelle qui n'était pas comprise dans la convention de 1869, ligne allant de Yamboli à Schoumla, rattachant ainsi Constantinople et Andrinople à la ligne de Roustchouk à Varna, que la Compagnie d'exploitation va également prendre à bail en vertu des conventions de 1872, et établissant la communication du réseau avec les lignes roumaines et russes.

2º Le Gouvernement s'engage à construire, dans le même délai de trois ans, une ligne partant de Sarambey-Bellova, et rejoignant celle de Salonique à Mitrovitza ; cette ligne assurera la jonction de celle de Salonique, non plus avec la Serbie, comme on l'avait prévu en 1869, mais directement avec le reste du réseau ottoman.

3º Le Gouvernement s'engage à exécuter, également dans le délai de trois ans, et sur des projets qui seront dressés par la Compagnie d'exploitation, des ports et des quais dans toutes les villes qui formeront la tête des lignes exploitées par la Compagnie, c'est-à-dire à Varna, Dédéagatch et Salonique.

4º Le Gouvernement s'engage à établir dans la station de Constantinople, non pas un port, qui est déjà fourni par la nature dans d'excellentes conditions, mais des quais et des entrepôts.

5º Le Gouvernement renouvelle l'engagement pris déjà par lui en 1869 d'exécuter un réseau de routes destiné à desservir les stations de la Compagnie, à les mettre en communication avec l'intérieur du pays, et à alimenter ainsi le trafic du chemin de fer.

6° Le Gouvernement, comme on l'a vu ci-dessus, ne contracte aucun engagement relatif à la construction de la ligne de Bosnie et à son raccordement avec l'Autriche. Mais, comme il est impossible à la Compagnie d'exploitation de conserver à sa charge une ligne qui, par aucune de ses deux extrémités, ne serait reliée à d'autres chemins de fer, il est entendu qu'elle aura la faculté de renoncer à l'exploitation de la ligne de Banjalouka à la frontière autrichienne si, dans un délai déterminé, le Gouvernement Ottoman n'a pas fait le nécessaire pour rattacher cette ligne au reste du réseau turc et aux lignes autrichiennes voisines. Cette renonciation s'accomplira d'ailleurs sans indemnité d'aucune espèce ; la Compagnie aura seulement droit à la valeur du matériel roulant, du mobilier et des installations garnissant la ligne.

Quant aux conditions dans lesquelles se fera l'exploitation, voici comment elles sont réglées par la convention du 18 mai 1872.

Pendant la période transitoire, la Compagnie d'exploitation prélévera sur les recettes brutes 12,000 fr. par kilomètre et par an, ainsi que cela a été déjà stipulé par les conventions de 1869. Les recettes brutes au delà de 12,000 fr. par kilomètre et par an, jusqu'à concurrence de 20,000 fr., seront partagées à raison de quatre cinquièmes pour le Gouvernement et un cinquième pour la Compagnie. La recette brute au delà de 20,000 fr. par kilomètre se partagera par moitié entre le Gouvernement et la Compagnie.

Après l'expiration de la période transitoire, la Compagnie paiera au Gouvernement une redevance de 8,000 fr. par kilomètre et par an ; elle partagera par

Partage des recettes, rente de 8.000 francs et période transitoire.

moitié avec le Gouvernement les recettes au-delà de 20,000 fr. par kilomètre.

Pour la détermination de la durée de la période transitoire, le réseau est divisé en trois groupes. Le premier de ces trois groupes comprend les lignes de Constantinople à Bellova, d'Andrinople à l'Archipel, et de Hermanli à Schoumla ; la période transitoire cesse, pour ce groupe, un an après sa mise en exploitation complète. La ligne de Salonique à Mitrovitza forme le second groupe ; la période transitoire cesse, pour elle, un an après son raccordement direct avec le premier groupe. La ligne de Banjalouka à la frontière autrichienne constitue le troisième groupe ; la période transitoire cesse, pour elle, un an après son raccordement avec le second groupe, c'est-à-dire avec Mitrovitza.

Comparaison des conventions de 1872 avec celles de 1869 : On vient de voir quel est l'ensemble des stipulations des conventions du 18 mai 1872. Il reste, pour en faire complètement saisir l'esprit, à résumer rapidement les principales modifications qu'elles ont apportées à la situation de chacune des trois parties contractantes.

Au point de vue de la Société Impériale. La Société Impériale n'aura plus à construire, comme en 1869, 2,500 kilomètres environ, mais seulement la moitié. Elle recevra pour cette construction, d'après les conventions de 1872 comme d'après celles de 1869, 22,000 fr. de rente par kilomètre. Seulement, l'un des deux éléments de cette rente de 22,000 fr. change de nature et diminue de valeur. C'était, en 1869, une rente de 8,000 fr. garantie par un dépôt de fonds, due par le Gouvernement et par la Compagnie exploitante ; ce n'est plus, à partir de 1872, qu'une rente de 8,000 fr.

due par le Gouvernement sans garanties spéciales, exactement dans les mêmes conditions que la rente de 14,000 fr. qui forme le premier élément de la subvention. Par suite, la valeur totale de la rente de 22,000 fr., convertie en capital, n'est plus la même sous le régime des conventions de 1872 que sous le régime de celles de 1869. Le prix à payer pour les terrains baisse, il est vrai, de 10,000 à 5,000 fr. par kilomètre ; mais, d'autre part, la Société Impériale renonce à toute participation dans les recettes de l'exploitation. Quant au coût comparatif des lignes rétrocédées par la Société Impériale et des lignes conservées par elle, il est sensiblement égal, et, en maintenant en 1872 le prix moyen qui avait été fixé en 1869 pour l'ensemble du réseau, la Société Impériale ne réalise pas de ce chef un bénéfice. La ligne de Philippopoli à Bourgas aurait pu être établie moyennant 110,000 fr. par kilomètre, ainsi que cela résulte d'une évaluation officielle faite en 1884 par la province de la Roumélie Orientale. La section de Bellova à Vakarell a été concédée au mois de janvier 1885 par le Gouvernement Ottoman moyennant 175,000 fr. par kilomètre, et la Compagnie d'exploitation avait offert de s'en charger moyennant 132,000 fr. par kilomètre. Une loi récemment votée en Bulgarie fixe à 150,000 fr. par kilomètre le prix de la section de Vakarell à Pirot par Sofia. La ligne de Nisch aux environs de Pristina aurait été construite moyennant une dépense de 130,000 fr. par kilomètre au maximum. Si l'on compare ces différents prix avec le chiffre de 215,000 fr. environ qui représentait le produit probable de la réalisation des rentes de 14,000 et de 8,000 fr. par kilomètre sous le régime des conventions de 1869, on voit

que, sur les lignes qui viennent d'être énumérées et dont
la longueur est de 65o kilomètres environ, la Société Impériale aurait fait un bénéfice de construction s'élevant à
3o,ooo,ooo fr. au minimum. Elle aurait, par contre, subi
une perte sur la construction de la ligne de Bosnie, dont
3oo kilomètres environ offraient des difficultés d'exécution toutes particulières. Mais on a vu plus haut que
les trois quarts de cette dépense supplémentaire, au-
delà de 25o,ooo fr. par kilomètre, devaient être à la
charge du Gouvernement Ottoman, et, par conséquent,
le déficit à subir par la Société Impériale sur ces 3oo kilomètres n'aurait atteint dans aucun cas, à beaucoup
près, le montant des bénéfices qu'elle avait à réaliser
sur les autres lignes. Elle avait donc tout intérêt à conserver l'ensemble de sa concession originaire.

Au point de vue de la Compagnie d'exploitation. La Compagnie d'exploitation voyait sa situation financière modifiée de la façon la plus désavantageuse,
puisque, au lieu d'avoir à exploiter un réseau homogène
et raccordé avec le reste de l'Europe par la Serbie et la
Bosnie, elle se voyait exposée à attendre pendant une
période indéterminée l'exécution de ces raccordements.
En outre, tandis que, d'après les conventions de 1869,
elle était déchargée de la rente de 8,ooo fr. pendant
la durée de la construction du réseau tout entier et pendant les trois années suivantes, c'est-à-dire pendant dix
ans au moins et probablement pendant une période
beaucoup plus longue, elle consentait à fractionner le
réseau en plusieurs parties pour la fixation du point de
départ de la rente, et notamment à ne plus faire dépendre ce point de départ de la construction si difficile et si
lente de la ligne de Bosnie. Elle ne recevait d'autre compensation de ces sacrifices et de la réduction de la durée

de son traité que le bénéfice à réaliser par elle sur la construction de la ligne de Schoumla, et l'engagement pris par le Gouvernement Ottoman de construire les ports, les quais et les entrepôts.

Quant au Gouvernement Ottoman, il atteignait le but essentiel qu'il s'était proposé ; il reprenait sa pleine liberté d'action en ce qui concernait l'exécution des raccordements de Serbie et de Bosnie. C'était là, pour lui, le côté politique de la convention, celui qui l'avait déterminé à traiter. Au point de vue financier, sa situation était également dégagée. Il absorbait, il est vrai, pour la construction de 1,250 kilomètres, les 1,980,000 obligations à primes qui devaient, à l'origine, représenter la rente de 14,000 fr. sur 2,000 kilomètres. Mais, par contre, il était relevé 1° de l'engagement de payer la rente kilométrique de 8,000 fr. pendant toute la période des exploitations partielles et pendant les trois premières années de l'exploitation totale, engagement qui l'exposait à servir éventuellement, pendant huit ou dix ans, et peut-être davantage, une redevance de 12 à 15 millions de francs par an ; 2° de la nécessité de créer des ressources pour représenter la rente de 14,000 fr. sur les kilomètres excédant le nombre de 2,000, les 1,980,000 obligations à primes ne représentant cette rente que sur 2,000 kilomètres ; 3° de l'obligation de payer les trois quarts des dépenses de la ligne de Bosnie au-dessus de 250,000 fr. par kilomètre. Les économies réalisées de ces trois chefs suffisaient largement pour lui permettre d'accomplir les engagements qu'il gardait à sa charge, c'est-à-dire le paiement du prix de construction de la ligne de Schoumla, la construction de la ligne de

Bellova à Uskub, l'établissement des ports, des quais et des entrepôts. Quant au réseau de routes, il était déjà stipulé par les conventions de 1869, et le Gouvernement Ottoman n'avait plus à y pourvoir que dans une mesure moindre, puisque l'étendue des chemins de fer à exploiter était considérablement réduite.

III.

Historique de 1872 à 1885.

Nouveau changement dans les dispositions du Gouvernement Ottoman.

Aussitôt après la conclusion des conventions du 18 mai 1872, la Société Impériale se mit en mesure de remplir les engagements qui restaient à sa charge, c'est-à-dire l'achèvement des lignes qui étaient en construction et l'exécution des deux sections qui n'étaient pas encore commencées, celles d'Uskub à Mitrovitza et de Tirnova à Yamboli. En vertu de l'autorisation qui lui avait été donnée par la convention de 1872, elle procéda au mois de juin de la même année à la réalisation des 1,230,000 obligations à primes qui, avec les 750,000 obligations émises en 1870, formaient la totalité des 1,980,000 titres créés pour la construction du réseau. Au mois de novembre de la même année, elle présentait au Gouvernement Ottoman les études complètes des deux sections dont l'exécution n'était pas encore commencée.

Mais, dans l'intervalle, un nouveau changement s'était produit à Constantinople. Le Grand-Vizir Mahmoud Pacha, l'auteur des conventions du 18 mai, était tombé du pouvoir au mois d'août et avait été remplacé par Midhat Pacha, qui lui-même devait céder le pas, au bout de quelques mois, à un autre Grand-Vizir. Ces changements de gouvernement amenèrent, dans les régions officielles ottomanes, un mouvement de réaction très marqué contre les conventions signées par Mahmoud Pacha, et la Société Impériale subit le contre-coup de cette réaction. Les projets présentés par elle pour les lignes d'Uskub à Mitrovitza et de Tirnova à Yamboli furent laissés en suspens pendant plus de six mois, et l'administration ottomane chercha, par des difficultés de. toute nature, à retarder l'achèvement des lignes qu'elle était chargée [de construire.

Une question surtout donna lieu, à la fin de l'année 1872 et au commencement de l'année 1873, à de très longues discussions entre le Gouvernement Ottoman et la Société Impériale : c'était celle du dépôt du produit de l'émission des 1,230,000 obligations à primes. Aux termes des conventions, ce produit devait être déposé par la Société dans un établissement de banque, et retiré en vertu de mandats visés mensuellement par le Ministère des Travaux Publics Ottoman. La Société Impériale justifiait, par la production de documents réguliers, avoir dépensé pour la construction des lignes qui étaient en cours d'exécution des sommes de beaucoup supérieures aux versements qu'elle avait encaissés sur les titres émis. Le Gouvernement Ottoman, de son côté, refusait de viser les mandats ainsi présentés aussi longtemps que le dépôt du produit des obligations n'aurait pas été préalablement effectué, ce qui était matériellement impossible, puisque le montant de ces mandats était déjà dépensé en travaux. On

Discussions relatives au dépôt du produit des obligations.

se trouvait ainsi dans une sorte de cercle vicieux dont
le Gouvernement et la Société Impériale sortirent enfin,
au mois d'avril 1873, par une transaction. Il fut convenu que la Société Impériale déposerait une somme
de vingt-cinq millions de francs, et retirerait cette
somme, au fur et à mesure de l'avancement des travaux,
sur la présentation de mandats. Ce dépôt de vingt-cinq
millions de francs fut régulièrement effectué par la
Société. Bien que les lignes soient toutes en exploitation depuis plus de dix ans, une grande partie du dépôt
se trouve encore, à l'heure actuelle, immobilisée dans les
caisses des établissements chargés de le recevoir.

Achèvement de la construction. Pendant que se poursuivaient entre le Gouvernement et la Société Impériale les discussions relatives
au dépôt, les travaux de construction approchaient de
leur terme. A mesure que les diverses sections se trouvaient en état d'être livrées au trafic, le Gouvernement
Ottoman et la Compagnie d'exploitation en effectuaient
la réception provisoire : la réception définitive, réservée
au Gouvernement seul, ne devait être prononcée qu'à
la suite d'un examen ultérieur. Dans le cours de l'année 1872, les lignes d'Andrinople à Dédéagatch, de
Banjalouka à la frontière autrichienne et de Salonique
jusqu'aux environs d'Uskub avaient été ainsi livrées à
l'exploitation. En 1873, on inaugura avec solennité la ligne de Constantinople à Andrinople, et plusieurs autres
sections furent également ouvertes au service. Ces mises
en exploitation partielles se poursuivirent pendant l'année 1874, et enfin, au commencement de l'année 1875,
la dernière des sections confiées à la Société Impériale
se trouvait livrée à l'exploitation. Il restait, pour liqui-

der les affaires de la Société, à procéder à la réception définitive du réseau ainsi construit. Mais, là, de nouvelles difficultés se produisirent.

Le Gouvernement Ottoman avait commencé par charger de la réception définitive une commission où il avait fait figurer un ingénieur qui venait de suivre un procès personnel devant les tribunaux de la Seine contre les Sociétés des Chemins de fer Ottomans. La Société Impériale avait récusé la compétence d'un pareil juge, dont l'impartialité pouvait tout au moins être suspectée, et elle avait décliné d'entrer en rapport avec la commission dont il faisait partie. Comme on pouvait s'y attendre dans de telles conditions, cette commission avait fait un rapport défavorable sur la construction des lignes, et, sans indiquer d'ailleurs quels étaient les travaux de parachèvement restant à exécuter, elle avait engagé le Gouvernement à refuser la réception définitive. Ces opérations avaient eu lieu dans le cours de l'été de 1874. La Société Impériale répondit immédiatement au rapport de la commission du Gouvernement Ottoman en faisant visiter ses lignes par trois ingénieurs dont l'impartialité était au-dessus de tout soupçon et dont l'autorité était universellement reconnue, MM. Hartwich, conseiller intime du Gouvernement Prussien, Président de l'Office central des chemins de fer de l'Empire d'Allemagne, baron de Weber, conseiller intime du Gouvernement d'Autriche, auteur d'ouvrages importants sur les questions de chemins de fer, et Rœckl, directeur général de la construction des chemins de fer de l'État Bavarois. Ces trois ingénieurs rédigèrent, après un examen approfondi, un rapport que l'on trouvera aux annexes, rapport d'où il résultait que la Société Impériale s'était scrupuleusement conformée à son Cahier des Charges ainsi qu'aux plans approuvés, et que l'exécution du réseau était des plus satisfaisantes. En même temps des experts délégués par les autorités italiennes et placés sous la direction de M. Ferrucci, membre du Conseil supérieur des Travaux Publics et des chemins de fer, visitaient la ligne de Salonique à Mitrovitza, et en constataient la bonne construction par un rapport dont un extrait figure également aux annexes. Les allégations de la commission de réception définitive nommée par le Gouvernement Ottoman se trouvaient ainsi réduites à néant.

Le Gouvernement Ottoman comprit lui-même que, dans cette situation, il était indispensable de procéder plus sérieusement à l'opération de la réception définitive, et de la confier cette fois à des ingénieurs dont l'impartialité ne pût donner prise à aucun doute. Il s'adressa, à cet effet, au Gouvernement Anglais, fort désintéressé dans l'affaire, et lui demanda la désignation de trois ingénieurs. Le Gouvernement Anglais donna suite à cette demande. Il fit choix de Sir Henry Tyler, membre du Parlement, de MM. Vignoles et Barlow, trois spécialistes dont le nom est revêtu en Angleterre, et même sur le continent, d'une haute autorité. La formation de la commission de réception définitive ainsi composée fut régulièrement notifiée par la Sublime Porte à la Société Impériale, qui s'empressa de faire accompagner la commission dans sa tournée et de lui fournir toutes les explications nécessaires. MM. Tyler, Vignoles et Barlow parcoururent le réseau aux mois de juillet et août 1875. Chemin faisant, ils spécifièrent aux ingénieurs de la Société Impériale les travaux de parachèvement qui restaient à exécuter, et qui s'élevaient à environ deux millions de francs. De retour à Londres, ils rédigèrent un rapport qui fut transmis au Gouvernement Ottoman vers le mois de septembre 1875, et qui, suivant les informations que la Société Impériale a pu recueillir à ce sujet, constatait que l'exécution des lignes était satisfaisante, et que les prescriptions des conventions avaient été observées. Mais ce rapport n'a jamais été communiqué par le Gouvernement Ottoman à la Société Impériale, et n'a jamais vu le jour. Après l'avoir reçu, le Gouvernement Ottoman n'a plus donné aucune suite à l'affaire de la réception définitive, et maintenant, après dix années écoulées, les choses sont encore dans le même état. Les quelques travaux de parachèvement indiqués par la commission anglaise ont été exécutés par la Société Impériale dans le cours des années 1875 et 1876. Depuis lors, cette Société, qui a achevé sa tâche, attend, pour terminer sa liquidation, le règlement des questions litigieuses qui sont en suspens entre le Gouvernement et elle, et dont il sera parlé plus loin.

A partir des années 1874 et 1875, c'est-à-dire depuis l'achèvement de la période de construction, c'est naturellement la Compagnie d'exploitation qui prend la place la plus importante dans l'historique de l'affaire des Chemins de fer de la Turquie d'Europe.

Comme on l'a vu par les explications qui précèdent, la Compagnie d'exploitation a pris successivement livraison, jusqu'à la date de janvier 1875, des diverses sections construites par la Société Impériale, sections dont la longueur totale s'élevait à 1,280 kilomètres. Ce total s'est amoindri de 100 kilomètres environ, par suite de l'abandon de l'exploitation de la ligne de Banjalouka à la frontière autrichiennne, que la Compagnie d'exploitation a rétrocédée au Gouvernement Ottoman, en vertu de la faculté qui lui était assurée par les conventions de 1872. D'autre part, la longueur du réseau exploité par la Compagnie s'est accrue de 224 kilomètres, la Compagnie ayant pris à bail, à partir du 1er Juillet 1873, la ligne de Roustchouk à Varna. Le réseau exploité se compose donc de 1,400 kilomètres environ.

Ce réseau, comme le montre un coup d'œil jeté sur la carte ci-jointe, se divise en trois parties isolées les unes des autres. Au Nord-Est se trouve la ligne de Roustchouk à Varna, partant du Danube et aboutissant à la Mer Noire, ne se rattachant pas aux lignes roumaines qui aboutissent à Giurgewo de l'autre côté du Danube, ne se raccordant pas non plus au réseau qui est relié avec Constantinople. Ce dernier réseau, qui a ses têtes de lignes sur la mer, à Constantinople et à Dédéagatch, aboutit du côté de la terre à deux impasses, l'une à Bellova, l'autre à Yamboli. Enfin, la ligne de Salonique à Mitrovitza, après avoir quitté le bord de la mer, remonte la vallée du Vardar jusqu'à Uskub, franchit les Balkans et se termine à Mitrovitza, sans relations directes, soit avec la Bosnie, soit avec la Serbie.

Au moment où la Compagnie d'exploitation prenait possession du réseau ainsi constitué, il y avait le plus grand intérêt pour elle à faire disparaître promptement les solutions de continuité qui le divisaient en plusieurs tronçons, à lui ménager des raccordements, des débou-

chés du côté de la mer, et des communications avec
l'intérieur du pays. Sans ces travaux complémentaires,
l'exploitation était condamnée à ne donner que des résultats fort médiocres: c'est ce qu'avait prévu, dès
l'origine, la Compagnie des Chemins de fer du Sud de
l'Autriche, et c'est aussi pour ce motif que la Compagnie d'exploitation, en signant la convention du
18 mai 1872, avait pris le soin d'y insérer les stipulations qui ont été passées en revue plus haut. Mais ces
stipulations sont malheureusement restées à l'état de
lettre morte, et cela, soit au point de vue de la construction des lignes complémentaires, soit au point de vue
de l'exécution des ports, des quais et des entrepôts, soit
au point de vue de l'exécution du réseau de routes.

Les lignes à construire par le Gouvernement Ottoman, ou par ses soins, étaient au nombre de deux :
celle de Yamboli à Schoumla, et celle de Bellova à
Uskub, par Kustendil. La Compagnie d'exploitation
devait exécuter la première de ces deux lignes moyennant un prix de 175,000 francs par kilomètre, à payer
par le Trésor; la seconde devait être exécutée par le
Gouvernement Ottoman lui-même ou par des entrepreneurs de son choix. La Compagnie d'exploitation se mit à l'œuvre, dès l'année 1872, pour construire la ligne de Schoumla ; mais le Gouvernement,
après avoir retardé pendant deux années l'approbation
des projets, laissa en souffrance, dès le commencement
de la construction, les situations de quinzaine qu'il
devait payer à la Compagnie. Celle-ci, après avoir con-
tinué les travaux pendant plus de six mois, ne recevant
aucun paiement et même aucune réponse à ses mises en
demeure, se vit obligée de suspendre les travaux au

mois de mai 1875. Quant à la ligne de Bellova à Kustendil et à Uskub, elle ne fut pas davantage exécutée. Après avoir entamé la construction dans le cours de l'année 1873, le Gouvernement Ottoman la suspendit en 1874, et depuis lors les travaux sont restés interrompus. Ce n'est que tout récemment, au mois de janvier 1885, que la Sublime-Porte a traité avec un entrepreneur pour la construction de la section de Bellova à Vakarell, faisant partie de la ligne de Bellova à Sofia ; quant aux sections comprises entre Sofia et Uskub, il ne semble pas qu'il ait été question, jusqu'à présent, d'en reprendre la construction.

Les travaux de ports et de quais à Varna, Dédéagatch et Salonique, travaux qui devaient être achevés à la date du 18 mai 1875, ainsi que l'exécution d'un quai et d'un entrepôt dans la station de Constantinople, sont également restés à l'état de projets. La Compagnie d'exploitation a présenté au Gouvernement Ottoman, comme elle y était tenue, les plans et devis de ces divers travaux, plans et devis dressés par les soins d'un éminant spécialiste, M. Pascal, Inspecteur général des ponts et chaussées, ancien ingénieur en chef du port de Marseille. Mais les études ainsi faites sont demeurées sans effet pratique, le Gouvernement Ottoman, faute de ressources pécuniaires sans doute, n'ayant jamais pourvu à l'exécution des travaux. Il en est résulté que Varna, Dédéagatch et Salonique sont à l'état de rades ouvertes, impraticables par le mauvais temps, et que le mouvement commercial de la station de Constantinople n'a pas pris le développement sur lequel, à l'origine, on avait dû compter.

Quant au réseau de routes dont la création avait été

stipulée par les conventions de 1869 et 1872, aucune mesure n'a été prise pour l'exécuter, et l'intérieur du pays est demeuré privé, jusqu'à ce jour, de toutes chaussées permettant la circulation régulière des voyageurs et des marchandises.

Le 18 mai 1875, c'est-à-dire à la date même où expirait la période fixée par la convention de 1872 pour l'accomplissement des divers engagements du Gouvernement Ottoman, la Compagnie d'exploitation a protesté contre leur inexécution, et a demandé que les questions litigieuses nées de cette inexécution fussent soumises à l'examen de la commission arbitrale prévue par l'article 35 de son cahier des charges. Une tentative fut faite pour organiser cet arbitrage ; mais elle échoua, le Gouvernement Ottoman ayant voulu insérer dans le compromis diverses stipulations qui auraient exposé la sentence arbitrale à un recours devant les tribunaux ottomans, recours absolument exclu par les conventions. Les choses restèrent donc en l'état, et la Compagnie d'exploitation continua d'assurer le service des lignes dans les fâcheuses conditions qui lui étaient faites, avec des recettes brutes variant de 6 à 8,000 fr. par kilomètre et par an.

Les plus graves événements vinrent bientôt, d'ailleurs, détourner l'attention du Gouvernement Ottoman des réclamations de la Compagnie d'exploitation. En 1876 éclataient les troubles qui devaient avoir pour suite, d'abord la lutte avec la Serbie, puis la guerre turco-russe. Pendant cette période agitée le réseau de chemins de fer, tout incomplet qu'il fût, rendit les plus grands services au Gouvernement Ottoman, et ces ser-

Guerre
de 1877-78.

vices furent reconnus, de la manière la plus flatteuse
pour la Compagnie d'exploitation, par de nombreux
témoignages écrits émanés des plus hauts fonctionnaires
du Gouvernement et notamment des autorités militaires.
Mais, d'autre part, les diverses lignes subirent, comme on
devait s'y attendre, des dommages très considérables.
Celle de Roustchouk à Varna fut la première occupée et
en partie détruite par l'armée russe. Plus tard, après le
passage des Balkans, pendant l'hiver de 1877 à 1878,
les lignes d'Andrinople à Bellova et de Tirnova à Yamboli furent atteintes à leur tour. Plusieurs stations furent
brûlées, les ouvrages d'art détruits, une partie du matériel roulant incendiée, le corps du chemin de fer endom-
magé sur un long parcours, soit par la retraite de l'armée
turque, soit par la marche des troupes russes, soit par
la fuite des populations musulmanes qui abandonnaient
les provinces de l'intérieur pour se porter en masse vers
Constantinople. Le premier soin de la Compagnie
d'exploitation, après la cessation des hostilités, fut de
réparer ces immenses dégâts, sans attendre le paiement
de leur valeur par le Gouvernement Ottoman qui était
tenu d'y pourvoir aux termes des conventions.

Traité
de Berlin.

Pendant que ces travaux était poussés avec activité,
les représentants de l'Europe, réunis à Berlin, délibé-
raient sur les conséquences que devait produire la guerre
qui venait de se terminer. Il était impossible que le résultat de leurs délibérations demeurât sans influence sur
les chemins de fer de la Turquie d'Europe, et que ces
chemins de fer ne fussent pas mentionnés dans l'acte
international qui interviendrait. Le traité de Berlin
règle effectivement, dans trois articles différents, les

questions relatives aux voies ferrées construites ou à construire dans la presqu'île des Balkans.

Le plus important de ces trois articles est l'article 10, celui qui concerne la Bulgarie. En fondant un nouvel État vassal et tributaire de la Turquie, établi sur le versant nord des Balkans, les membres du Congrès de Berlin se sont préoccupés de deux questions, l'une touchant le chemin de fer de Roustchouk à Varna, qui existait déjà, l'autre relative au raccordement futur des lignes ottomanes avec les lignes serbes à travers le territoire bulgare. L'article 10 règle ces deux questions. Il stipule d'une part que la Bulgarie sera substituée au Gouvernement Ottoman dans ses charges et obligations envers la Compagnie du Chemin de fer de Roustchouk à Varna. Il stipule d'autre part que la Bulgarie sera substituée aux engagements de la Sublime Porte, tant envers l'Autriche-Hongrie qu'envers la Compagnie d'exploitation, pour l'achèvement et le raccordement ainsi que pour l'exploitation des lignes ferrées situées sur son territoire. Ces engagements étaient de diverse nature. Vis-à-vis du Gouvernement Austro-Hongrois, ils portaient sur la construction de la ligne de Vakarell aux environs de Pirot par Sofia, tronçon de la grande ligne internationale qui devait relier Constantinople à Nisch, à Belgrade et à Vienne. Vis-à-vis de la Compagnie d'exploitation, ces engagements portaient, non pas sur le raccordement de Sofia vers Pirot, que la Compagnie n'avait pas le droit d'exiger, mais sur la section de Sofia à Kustendil, dans la direction d'Uskub, partie intégrante de la ligne de Bellova à Uskub, ainsi que sur une fraction de la ligne de Schoumla, dont le tracé allait être désormais situé pour partie sur le territoire bulgare.

En ce qui touche la Serbie, les stipulations du traité de Berlin sont plus simples. Le territoire enlevé à la Turquie par le traité de Berlin et annexé à la Serbie ne contenait aucun chemin de fer en exploitation. Il suffisait donc de stipuler que la Serbie serait substituée, pour sa part, tant envers l'Autriche-Hongrie qu'envers la Compagnie d'exploitation, aux engagements antérieurement pris par la Sublime Porte et non encore exécutés. Ces engagements, par rapport à l'Autriche-Hongrie, consistaient dans l'obligation de construire les lignes de Pirot à Nisch et à Alexinatz et de Nisch à Vranja dans la direction de Salonique. Par rapport à la Compagnie d'exploitation, ils consistaient dans l'obligation de confier à la Compagnie l'exploitation de ces mêmes lignes, lorsqu'elles seraient construites. C'est l'objet de l'article 38 du traité de Berlin.

Enfin, un troisième article de ce traité, l'article 21, stipule que les droits et obligations de la Sublime Porte, en ce qui concerne les chemins de fer situés dans la Roumélie Orientale, sont maintenus intégralement. En créant au sud des Balkans une nouvelle province dont Philippopoli est la capitale, et en dotant cette province d'institutions autonomes, les puissances avaient voulu réserver au Gouvernement central tous ses droits sur les chemins de fer qui la traversent, c'est-à-dire sur la ligne de Tirnova à Yamboli, et sur la plus grande partie de celle d'Andrinople à Bellova. Le prolongement de cette dernière ligne de Bellova à Vakarell, c'est-à-dire jusqu'à la frontière bulgare, et de celle de Yamboli dans la direction de Choumla, seront également compris dans les limites de la Roumélie Orientale, mais resteront soumis, en vertu de l'article 21 du traité de Berlin, à l'action directe du Gouvernement de Constantinople.

Ces divers arrangements une fois conclus, il restait à engager des négociations entre les divers Etats intéressés, c'est-à-dire l'Autriche-Hongrie, la Turquie, la Serbie et la Bulgarie, pour assurer l'exécution de la grande ligne internationale destinée à relier Vienne à Constantinople, et de l'embranchement partant de cette ligne aux environs de Nisch pour rejoindre, vers Uskub, le chemin de fer de Salonique. L'exécution de ces deux voies de communication était vivement désirée par l'Autriche-Hongrie, qui, dès l'année 1869, avait fait de constants et vigoureux efforts pour la mener à bien, mais s'était heurtée, depuis l'année 1872, aux hésitations et aux résistances de l'Empire Ottoman. En signant le traité de Berlin, le 13 juillet 1878, les puissances avaient stipulé que les conventions nécessaires pour assurer les raccordements seraient conclues le plus promptement possible entre les Etats intéressés. Mais il ne fallut pas moins de cinq années pour mener à terme ces laborieuses négociations. Ce ne fut que le 9 mai 1883 qu'intervint, entre l'Autriche-Hongrie, la Turquie, la Serbie et la Bulgarie, la convention qui porte le nom de traité de la Conférence à quatre, et qui règle l'affaire des jonctions. D'après ce traité, les Etats contractants s'engagent à avoir terminé le 15 octobre 1886, chacun pour la partie située sur son teritoire, les lignes de Bellova à Pesth, par Sofia, Nisch et Belgrade, et de Nisch à la jonction avec la ligne de Salonique. Actuellement, les sections de Pesth à Semlin, sur territoire hongrois, et de Belgrade à Nisch, sur territoire serbe,

sont déjà en exploitation. Le reste des lignes est encore
à construire.

Après la conclusion du traité de la Conférence à quatre, le Gouvernement Ottoman s'est mis en devoir de
construire les fractions des lignes de jonction, assez peu
importantes d'ailleurs, qui se trouvent situées sur son
territoire. Ces fractions sont au nombre de deux : l'une,
comprise entre Bellova et Vakarell, atteint 47 kilomètres ;
l'autre, de la ligne de Salonique aux environs de Vranja, a
environ 72 kilomètres de longueur.

Comme ces deux tronçons doivent être exploités, en
vertu des conventions de 1872, par la Compagnie d'exploitation, il était naturel que le Gouvernement Ottoman
s'adressât à cette Compagnie pour lui en confier la construction. De longs pourparlers eurent lieu dans ce but
pendant le cours des années 1883 et 1884. Ils rencontrèrent de graves difficultés parce que le Gouvernement
Ottoman, au lieu de traiter simplement avec la Compagnie sur la constrution des 119 kilomètres de chemins
de fer dont il s'agissait, voulait régler en même temps et
par le même contrat toutes les questions relatives à
l'exploitation du reste du réseau, questions difficiles et
compliquées qui auraient entraîné le remaniement complet des conventions de 1872. Sans se refuser en principe à suivre le Gouvernement Ottoman sur ce terrain,
tout en se déclarant prête à apporter d'assez larges modifications au contrat de 1872, et notamment à amender
en faveur du Gouvernement les stipulations de ce contrat qui concernaient le partage des recettes, la Compagnie d'exploitation faisait remarquer qu'il serait préférable, pour assurer la prompte exécution des raccordements, de commencer par traiter séparément sur

cette construction, sauf à régler, immédiatement après, les autres questions pendantes. Les négociations engagées à ce sujet se poursuivirent pendant une longue période ; elles furent sur le point, aux mois d'août et de novembre 1884, d'aboutir à une crise violente, le Gouvernement Ottoman ayant menacé la Compagnie d'exploitation de saisir les lignes exploitées par elle si elle refusait d'accepter dans la huitaine un nouveau contrat d'exploitation rédigé par le Ministère des Travaux Publics, contrat qui, avec ses annexes, ne comptait pas moins de deux cents articles, et bouleversait de fond en comble la convention d'exploitation de 1872. Il devenait impossible de conclure un accord dans de pareilles conditions, et, comme il restait deux années à peine jusqu'à l'expiration du délai fixé par le traité de la Conférence à quatre, le Gouvernement Ottoman se résolut enfin à conclure un contrat de construction portant uniquement sur l'exécution des raccordements, sauf à régler ensuite avec la Compagnie d'exploitation, par la voie d'une entente amiable ou d'un arbitrage, les questions relatives à l'exploitation.

Pour la construction des raccordements, le Gouvernement Ottoman avait le choix entre deux groupes. L'un, représenté par la Banque Impériale Ottomane et le Comptoir d'Escompte de Paris, demandait une somme de 175,000 francs par kilomètre à construire, et offrait d'avancer ce prix de construction moyennant des garanties spéciales. L'autre, celui de la Compagnie d'exploitation, se déclarait prêt à construire moyennant 132,000 francs par kilomètre, proposait également d'avancer ce prix de construction, et ne demandait au-

Concession de la construction des raccordements

cune garantie particulière, s'engageant à ne se rembourser que sur la partie des recettes du chemin de fer qui devait revenir au Gouvernement. La Sublime Porte a donné la préférence au premier de ces deux concurrents. Mais, en même temps qu'elle concluait avec la Banque Impériale Ottomane et le Comptoir d'Escompte de Paris la convention destinée à assurer la construction des jonctions, elle consentait à donner à la Compagnie d'exploitation une satisfaction importante en constituant le tribunal arbitral destiné à statuer sur les questions litigieuses. Le 21 février 1885, le Gouvernement Ottoman a fait savoir à la Compagnie d'exploitation et à la Société Impériale qu'il désignait pour arbitres LL. EE. Vahan-Effendi, Mustéchar du Ministère de la Justice, et Riza-Bey, Conseiller à la Cour de Cassation. Il invitait en même temps les deux Sociétés à désigner leurs arbitres dans le délai d'un mois. De leur côté, les deux Sociétés ont informé le Gouvernement Ottoman qu'elles désignaient pour arbitres : la Société Impériale, M. Brunet, ancien Ministre de l'Instruction publique de France, ancien Sénateur, ancien Président du Tribunal de la Seine et Conseiller à la Cour d'Appel à Paris ; et M. Jacobs, membre de la Chambre des Représentants, ancien Ministre des Finances, des Travaux publics et de l'Intérieur de Belgique ; la Compagnie d'exploitation, M. le docteur de Holtzendorff, Professeur de Droit international à l'Université de Munich, Président de l'Institut de Droit international, et M. le Comte Lamezan, ancien Procureur Général de la Basse-Autriche, actuellement Vice-Président à la Cour supérieure de Justice à Vienne. Les deux Sociétés ajoutaient que leurs arbitres étaient prêts à se

Arbitrage.

dre à Constantinople aussitôt que le Gouvernement
oman leur en adresserait la demande. Elles attendent,
:e moment même, que cette demande leur parvienne. ·

IV.

Principales réclamations à soumettre
à l'arbitrage.

_es questions dont les arbitres auront à connaître
it, il est facile de le comprendre, nombreuses et com-
quées. On ne saurait songer à en aborder ici la dis-
;sion juridique, qui trouvera place dans les conclu-
ns des parties. Mais il n'est pas inutile de résumer
 plus rapidement possible les principales réclama-
ns élevées par les deux Sociétés, et d'autre part, celles
i seront probablement formulées par le Gouverne-
:nt Ottoman.

Les demandes de la Société Impériale portent sur
atre points essentiels. .   ·
En premier lieu, la Société Impériale réclame le paie-
:nt d'une partie de ses frais préliminaires et de ses
iis d'études, concernant les lignes de chemins de fer
nt la concession a été rétrocédée par elle au Gouver-
ment Ottoman en 1872. L'étendue du réseau à con-
-uire par la Société a été, on l'a vu plus haut, réduite
viron de moitié par les conventions conclues il y a
eize ans. Dans l'intervalle de 1869 à 1872, la Société
ıpériale avait dû faire de grandes dépenses prélimi-
uires applicables à l'ensemble du réseau ; elle avait fait

_Principales
réclamations
de la Société
Impériale._

aussi des débours importants relatifs aux études des lignes qu'elle n'est pas restée chargée d'exécuter. Toutes ces dépenses ont été régulièrement reconnues et mandatées par le Gouvernement Ottoman ; les conventions du 18 Mai 1872 ont stipulé que la Société Impériale aurait le droit d'en être remboursée ; elle en réclame le paiement.

En second lieu, la Société Impériale demande le prix de construction de trente kilomètres exécutés par elle au-delà du chiffre de 1,250 indiqué par les conventions de 1872 et en deçà du chiffre de 1,280 fixé comme maximum dans ces mêmes conventions. Ce prix a été déterminé par l'article 6 de la convention du 18 mai 1872 ; il s'élève à 150,000 francs par kilomètre ; la Société Impériale en demande le versement.

En troisième lieu, la Société Impériale réclame au Gouvernement Ottoman une indemnité à raison des retards qu'elle a subis et des difficultés de toute sorte qu'elle a rencontrées pendant le cours de la construction des lignes et lorsqu'il s'est agi de les livrer à l'exploitation. Ces retards et ces difficultés, causés par le fait du Gouvernement et de ses agents, ont porté et sur l'approbation des plans, qui a été indûment ajournée, et sur la construction elle-même, qui a été entravée de la manière la plus fâcheuse, et sur les opérations de la réception provisoire, que le Gouvernement Ottoman a laissée parfois en suspens, sans motifs légitimes, pendant des mois entiers. La Société Impériale a subi ainsi des préjudices considérables, tant à raison du ralentissement des travaux, des dépenses et des indemnités supplémentaires encourues de ce chef, que parce qu'elle a gardé plus longtemps à sa charge les intérêts du capital, intérêts qu'elle devait rembourser au Gouvernement pendant la période de construction. Le compte à dresser de ce chef devra être établi par les arbitres.

En quatrième lieu, la Société Impériale se plaint du retard que le Gouvernement Ottoman a mis, depuis douze années, à viser les mandats présentés par elle, et à permettre le retrait du solde du dépôt de vingt-cinq millions de francs effectué au mois d'avril 1873. Ce retard est absolument inexplicable, puisque, depuis l'année 1875, l'exécution satisfaisante des lignes a été reconnue par la commission Anglaise chargée de procéder à la réception définitive, et puisque, depuis lors, une épreuve de dix années, poursuivie au milieu des circonstances les plus difficiles, a démontré la parfaite solidité des lignes construites par la Société Impériale. Celle-ci, qui a vainement demandé à diverses reprises la restitution du reste de son dépôt, qui n'a jamais réussi à l'obtenir, et qui s'est vue ainsi dans la nécessité de retarder indéfiniment la clôture de sa liquidation, demande qu'il soit enfin mis un terme à une situation aussi préjudiciable.

La Société Impériale, en dehors des réclamations qui viennent d'être énumérées, a sur le Gouvernement Ottoman un certain nombre de créances liquides et incontestées, notamment à raison de son cautionnement de cinq millions de francs qui devait lui être restitué, et d'une avance d'un montant à peu près égal qu'elle a consentie au Gouvernement, en 1871, pour les expropriations dans l'intérieur de Constantinople, avance qui devait être remboursée dès l'année 1872. Ces créances, et quelques autres de moindre importance, doivent se compenser jusqu'à due concurrence avec les sommes revenant au Gouvernement Ottoman du chef des paiements qu'il avait faits avant l'année 1872 pour le fonds de garantie. Le principe de cette compensation a été admis par le Gouvernement et ne donne point lieu à un débat ; mais il reste à régler, de ce chef, un compte sur lequel les arbitres auront à se prononcer.

Principales réclamations de la Compagnie d'exploitation. Quant à la Compagnie d'exploitation, les réclamations qu'elle formule contre le Gouvernement Ottoman peuvent se diviser en deux catégories.

La première comprend des créances liquides dont le montant est établi par des contrats, des correspondances, ou d'autres pièces, dont le principe n'est pas contesté, et que le Gouvernement a laissées en suspens sans invoquer de motifs pour justifier ce défaut de paiement. Ces créances résultent notamment :

1° des travaux exécutés par la Compagnie d'exploitation sur la ligne de Schoumla en vertu de la convention du 18 mai 1872, travaux dont le montant a été constaté par des situations de quinzaine que les ingénieurs du Gouvernement ont régulièrement approuvées, mais que le Trésor n'a pas payées jusqu'à ce jour ;

2° du prix du matériel roulant, du mobilier et des installations garnissant la ligne de Banjalouka à la frontière autrichienne, prix fixé dès 1875 par la commission anglaise que le Gouvernement avait chargée de ce travail, ainsi que du déficit de l'exploitation de cette même ligne ;

3° des études exécutées par la Compagnie d'exploitation pour compte du Gouvernement Ottoman, tant aux environs de la ligne de Schoumla, qu'en vue de l'exé-

cution des ports, quais et entrepôts de Varna, Constantinople, Dédéagatch et Salonique ;

4° de l'exécution d'un port provisoire à Dédéagatch,
établi avec l'autorisation et pour le compte du Gouvernement Ottoman ;

5° des agrandissements, tels que établissement de
nouvelles stations et de nouvelles haltes reconnues
nécessaires dans l'intérêt de la population, dépenses
dont les quatre cinquièmes sont, d'après les conventions, à la charge du Gouvernement ;

6° du remplacement des ponts en bois par des ouvrages en fer et en maçonnerie, remplacement demandé par le Gouvernement Ottoman au moment des
troubles et de la guerre de 1877, à cause du danger
d'incendie et de destruction facile que présentaient les
ponts en bois ;

7° de la réparation des dégâts causés par la guerre
russo-turque sur les différentes lignes du réseau, réparation que les conventions mettaient à la charge du Gouvernement Ottoman, mais que, jusqu'à présent, le Trésor
a tardé à rembourser à la Compagnie ;

8° des transports militaires régulièrement reconnus,
effectués pendant la guerre et depuis lors par la Compagnie pour le compte et sur la demande du Gouvernement Ottoman, transports que la Compagnie a con-
senti à faire à crédit, et dont elle attend vainement le
paiement depuis plus de six années.

Quant à la deuxième catégorie des réclamations formulées par la Compagnie d'exploitation, elle se réfère à
des demandes de dommages et intérêts dont le montant
sera fixé par le tribunal arbitral. Ces demandes pro-

viennent de l'inexécution des différents engagements que les conventions de 1872 avaient mis à la charge du Gouvernement Ottoman, et qui ont été relatés plus haut. La Compagnie fait valoir, d'une part, qu'elle devait réaliser sur la construction de la ligne de Schoumla un bénéfice important dont il y a lieu de lui tenir compte, d'autre part, que, si le Gouvernement Ottoman avait construit les jonctions stipulées par les contrats, s'il avait exécuté les travaux des ports, des quais et des entrepôts, s'il avait doté le pays d'un réseau de routes destiné à desservir les diverses stations du chemin de fer, si, en un mot, il n'avait pas laissé le réseau exploité dans les conditions de morcellement et d'isolement que l'on avait précisément cherché à prévenir en rédigeant les conventions de 1869 et 1872, l'exploitation aurait donné des produits tout autres que les très maigres recettes réalisées depuis l'origine jusqu'à ce jour. Il résulte, en effet, des comptes régulièrement soumis au Gouvernement Ottoman par la Compagnie et approuvés par lui que la recette brute du réseau, en laissant à part les deux années exceptionnelles de la guerre, s'est élevée à peine à 8,200 fr. par kilomètre et par an, en moyenne, depuis le commencement de l'exploitation jusqu'à ce jour. Si l'on compare ce chiffre, soit aux prévisions qui avaient été formées à l'origine, soit aux produits des chemins de fer qui se trouvent dans les pays voisins et qui jouissent de débouchés, soit enfin aux chiffres indiqués dans les conventions elle-mêmes, on arrive à conclure que, par son fait, le Gouvernement Ottoman a causé à la Compagnie d'exploitation un préjudice très considérable. La Compagnie demande la réparation de ce préjudice, en indiquant comme base de sa fixation le chiffre de

12,000 fr. par kilomètre et par an qui avait été considéré, lors de la rédaction des conventions de 1869 et de
1872, comme le chiffre normal de la recette brute à en-
caisser par la Compagnie d'exploitation avant tout partage avec l'État.

Telles sont, en résumé, sans insister sur les détails et
sans entrer dans une discussion de chiffres, les principales réclamations des deux Sociétés. Il est difficile de
savoir, quant à présent, quelle réponse y sera faite par
le Gouvernement Ottoman ; car il s'est borné jusqu'à ce
jour à opposer le silence aux demandes de paiement qui
lui étaient adressées. Il est également malaisé de déter-
miner d'une manière précise les réclamations que, de
son côté, la Sublime Porte pourra formuler devant le
tribunal arbitral ; en effet, elle n'a jamais fait connaître
aux deux Sociétés, d'une manière complète et officielle,
les griefs et les créances qu'elle aurait l'intention d'invoquer dans le débat qui est à la veille de s'engager. Le
seul document sur lequel on se puisse fonder pour pré-
voir l'attitude du Gouvernement Ottoman devant les arbitres est une publication qui a été faite le 3 février
dernier à Constantinople dans le journal *La Turquie,*
et qui a le caractère d'un communiqué officiel. On trouvera aux annexes le texte de cette publication. On y
verra que, dans les dernières lignes, le Gouvernement a
interdit à la presse turque toute discussion ultérieure
sur la question des chemins de fer, et par conséquent a
mis les Sociétés dans l'impossibilité de répondre dans les
journaux de Constantinople à l'attaque dont elles avaient
été l'objet. On y verra en outre que, si l'on laisse de
côté toute la dernière partie de la publication officielle

qui concerne les négociations relatives à la construction
des jonctions, et si l'on écarte un autre passage relatif
à une avance faite par le baron de Hirsch personnelle-
ment au Trésor ottoman, avance qui a été conclue en
même temps par de grands établissements de banque
parisiens, et qui n'a aucun rapport avec les affaires des
chemins de fer, les griefs invoqués par le Gouvernement Ottoman contre les deux Sociétés sont au nombre
de trois. Deux d'entre eux concernent la Société Impériale ; le troisième s'adresse à la Compagnie d'exploitation.

Contre la Société Impériale. Le Gouvernement Ottoman paraît vouloir demander
compte à la Société Impériale du produit des obligations
émises pour la construction du chemin de fer, et réclamer une partie de ce produit. L'article publié par *La
Turquie* le 3 Février dernier affirme que ces obligations
étaient au nombre de 4,000,000. C'est évidemment là
une erreur matérielle; il n'a été créé que 1,980,000 obligations, et, en dehors du produit de l'émission de ces
titres, la Société Impériale n'a reçu aucune autre somme
pour la construction des lignes. Quant à ce produit, il
aurait été, suivant le communiqué officiel, de 200 francs
par obligation, tandis que la Société Impériale n'aurait
crédité le Trésor que de 110 francs. Ce sont là, également, des chiffres inexacts de tous points. La Société
Impériale prouverait, si les débats s'engageaient sur
cette question devant les arbitres, qu'il y a lieu de
tenir compte, non du prix de l'émission publique, mais
de celui des cessions faites par la Société aux syndicats
de Banque, que le prix brut de ces cessions a été de
150 à 155 francs, et que le produit net moyen des obli-

gations, réalisé par la Société, a été, non pas de 200 francs mais de moins de 130 à 135 francs par titre. Cette question d'ailleurs n'a qu'un intérêt purement théorique, et il n'y a pas lieu d'établir entre le Gouvernement Ottoman et la Société, comme le Gouvernement paraît le croire, un compte du produit des obligations. Il résulte clairement des conventions de 1872, comme de celles de 1869, que la subvention accordée à la Société Impériale pour la construction des lignes a consisté, non pas en une somme en capital à prélever par elle sur le produit de la vente des titres, mais en une rente à réaliser par elle à ses risques et périls et au mieux de ses intérêts. On se borne à indiquer ici ces considérations, qui seront, s'il y a lieu, discutées en détail devant les arbitres.

La seconde réclamation que le Gouvernement Ottoman semble vouloir élever contre la Société Impériale porte sur la construction des lignes. Il est difficile de concevoir comment le Gouvernement pourrait inviter les arbitres à prononcer la déchéance contre une Société d'entreprise qui a terminé son travail depuis plus de dix années ; les indications données à cet égard par le communiqué officiel sont sans doute le résultat d'une erreur. Mais il est probable que le Gouvernement Ottoman soutiendra, devant les arbitres, que les lignes ont été mal construites. On se borne, à cet égard, à se référer aux explications qui ont été précédemment données, à rappeler que la commission nommée en 1875 par le Gouvernement Anglais a constaté la bonne exécution des travaux, que le Gouvernement Ottoman lui-même a tenu secret, depuis 1875, le rapport de cette commission, que d'ailleurs l'exploitation a régulièrement fonctionné pendant une période de dix années sur l'ensemble du réseau, et que, au premier abord, une contestation soulevée contre le constructeur après une période d'une pareille durée paraît aussi tardive que peu fondée. Mais, ici encore, ce serait dépasser les bornes de ce travail que d'entrer dans de longs détails techniques qui seront de la compétence des arbitres ou des experts à désigner par eux.

Contre la Compagnie d'exploitation.

Il reste à exposer l'unique réclamation formulée dans le communiqué officiel du 3 février dernier contre la Compagnie d'exploitation. Le Gouvernement Ottoman est d'avis que la Compagnie aurait dû lui payer, depuis l'ouverture des diverses lignes, la rente de 8,000 francs par kilomètre et par an prévue par les conventions de 1872. A cette demande, si elle venait à se produire devant les arbitres, la Compagnie aurait plusieurs réponses à opposer. Elle invoquerait, en premier lieu, le texte même des conventions, qui est de la plus grande clarté, et qui fait dépendre la rente de 8,000 francs, non pas de la mise en exploitation de chaque ligne prise isolément, mais de la jonction de chacun des groupes du réseau avec le groupe voisin. Elle ferait remarquer notamment que, pour la ligne de Constantinople à Andrinople, pour celle d'Andrinople à Bellova, et pour celle d'Andrinople à Dédéagatch, la rente de 8,000 francs commence à courir une année après la mise en exploitation de la jonction de ces lignes avec celle de Roustchouk à Varna et avec le réseau roumain, par l'entremise de la ligne de Schoumla. Elle ajouterait, que le Gouvernement Ottoman a reconnu lui-même, par écrit, à diverses reprises, et de la manière la plus formelle, que c'était ainsi qu'il fallait interpréter la convention de 1872, et que la période transitoire fixée par cette convention n'était pas encore terminée. Elle observerait, en troisième lieu, que, alors même que la rédaction du contrat de 1872 ne serait pas aussi formelle qu'elle l'est en réalité, il n'en resterait pas moins évident que ce contrat est un contrat synallagmatique, imposant à chacune des deux parties des obligations réciproques, que le Gouvernement Ottoman ne pourrait pas réclamer le paiement de la rente de 8,000 francs aussi longtemps qu'il ne remplirait pas lui-même les engagements qu'il a assumés par la même convention, engagements relatifs à la construction de certaines lignes de jonction, à l'exécution des ports, des quais, des entrepôts et des routes. Elle démontrerait que le cas de force majeure ne peut pas être allégué pour justifier l'inexécution de ces divers engagements, puisque le Gouvernement Ottoman se trouvait en défaut bien avant la guerre de 1877, et puisque, depuis le rétablissement de la paix, rien n'empêche plus la Sublime Porte de satisfaire aux obligations qui lui incombent. La Compagnie invoquerait enfin les plus simples notions du bon sens et de l'équité, qui s'opposent à ce qu'une Compagnie réalisant à peine 8,000 francs de recettes brutes par kilomètre, réduite à ce faible chiffre de recettes par l'inexécution des obligations du Gouvernement, obligée de couvrir avec ces 8,000 francs tous les frais d'exploitation ainsi que l'intérêt de son matériel roulant, paie une redevance égale à 8,000 francs, c'est-à-dire au chiffre total de sa recette brute.

V.

Résumé et Conclusion.

On a essayé d'exposer très rapidement, dans ce qui
précède, l'historique et la situation actuelle de l'affaire
des Chemins de fer de la Turquie d'Europe. Mais cet
exposé serait incomplet s'il se bornait à un récit des
faits, à une analyse des conventions, et à un résumé des
contestations juridiques. Si les deux Sociétés ont ac-
cueilli avec une vive satisfaction la promesse de la
constitution prochaine du tribunal arbitral, ce n'était
pas seulement parce qu'elles allaient obtenir le paiement de créances et le règlement de réclamations depuis longtemps restées en suspens ; c'est aussi parce
que l'occasion allait leur être offerte de prouver au
Gouvernement Ottoman et d'établir devant l'opinion
publique la parfaite régularité de leurs actes, et de dissiper tous les bruits inexacts qui ont été répandus depuis quinze ans au sujet de leur entreprise.

La simple lecture du communiqué qui a été publié le
3 février dernier par le Gouvernement Ottoman dans
les journaux de Constantinople suffit à prouver qu'il ne
s'agit point là d'un procès ordinaire. La Sublime Porte
a évidemment conçu l'impression — et cette impression
s'est répandue ailleurs même qu'à Constantinople —que
les contrats passés par les deux Sociétés avec le Gouvernement, soit en 1869, soit en 1872, sont des contrats
léonins, que la bonne foi de la Sublime Porte a été sur-

prise le jour où elle les a conclus, que ces contrats ont permis aux deux Sociétés de réaliser d'énormes avantages, hors de toute proportion avec les risques de l'affaire et les résultats ordinaires de ce genre d'entreprises. Il s'est formé ainsi autour de l'affaire des Chemins de fer de la Turquie d'Europe une sorte de légende qui n'a pas laissé d'exercer quelque influence sur l'attitude du Gouvernement Ottoman, et qu'il importe de ne pas laisser subsister. On a donc cru nécessaire, en terminant ce travail, d'ajouter à la narration des faits et à l'exposé des questions en litige quelques explications sur les résultats que la construction et l'exploitation du réseau ottoman ont pu donner aux deux Sociétés intéressées.

_Comme on l'a vu, la Société Impériale a obtenu pour la construction des lignes une subvention consistant en une rente kilométrique de 22,000 fr. Le produit de la réalisation de cette subvention était la seule ressource dont elle disposât pour l'exécution du réseau, puisque les conventions de 1872 lui enlevaient, avec son rôle de concessionnaire, toute participation dans les produits de l'exploitation et la réduisaient à la qualité de simple entrepreneur. La rente de 22,000 fr. réalisée au taux de 11 o/o environ, taux plus favorable que le taux ordinaire des emprunts ottomans au moment des émissions des obligations à primes, c'est-à-dire en 1870 et en 1872, a produit un peu plus de 200,000 fr. par kilomètre. De ce chiffre il y a lieu de déduire, en moyenne, deux années d'intérêt sur le capital, intérêts qui restaient à la charge de la Société pendant la durée de la construction. Le communiqué du 3 février allègue, il est vrai, que ces intérêts ont été servis, par le Gouvernement depuis le

Bénéfices de la Société Impériale.

17 avril 1869; mais c'est là une erreur matérielle. Le premier paiement que le Trésor Ottoman ait effectué pour le service d'une partie de l'Emprunt à Primes a eu lieu au mois d'octobre 1872; le service intégral n'a été fait par lui que depuis 1873. En prenant les dates d'émission, on voit que l'intérêt et l'amortissement sont demeurés à la charge de la Société pendant une période moyenne de deux ans. La rente annuelle étant de 22,000 fr., deux années représentent 44,000 fr. Il n'est donc resté à la disposition de la Société Impériale pour la construction proprement dite, y compris tous les frais généraux, d'administration, d'études et autres, qu'une somme approximative de 156,000 fr. par kilomètre. Le bénéfice que la Société a pu réaliser consiste tout entier dans la différence entre ce chiffre et celui de la dépense réelle.

Dans le communiqué officiel du 3 février, le Gouvernement Ottoman a déclaré que les lignes avaient été données en entreprise par la Société Impériale à raison de 90,000 fr. par kilomètre, avec un cahier des charges différent de celui de la concession, et que cette différence de prix ainsi que les modifications apportées aux conditions techniques avaient eu pour conséquence nécessaire la mauvaise exécution des travaux. Ce sont là des allégations dont il est facile de démontrer l'inexactitude. Les rédacteurs du communiqué officiel ont sans doute voulu faire allusion à la partie du réseau dont l'entreprise a été confiée à la société dirigée par M. Vitali, c'est-à-dire aux lignes de Constantinople à Andrinople et de Kulleli-Bourgas à Dédéagatch. Le contrat passé avec cette Société, loin d'empirer les conditions techniques fixées par le cahier des charges de la Société

Impériale, a imposé à l'entreprise, notamment au point de vue de l'inclinaison des pentes et du rayon des courbes, des conditions beaucoup plus rigoureuses que celles auxquelles la Société Impériale elle-même était astreinte. Quant au prix moyen de construction stipulé dans le contrat, il était, non pas de 90,000 fr., mais de 108,000 fr. par kilomètre. Encore ce forfait excluait-il certains travaux qui peuvent être évalués à 16,000 fr. par kilomètre et que la Société Impériale a exécutés elle-même, en dehors du contrat d'entreprise, ainsi qu'elle est en mesure de le prouver d'après ses livres.

C'est donc une somme totale de 124,000 francs en moyenne que la Société a dépensée sur les lignes dont il s'agit, en dehors des frais généraux, des frais préliminaires, de l'avant-projet et des études, de la surveillance pendant la période de construction, et du prix des terrains. Si l'on compare le chiffre total ainsi obtenu avec celui de 156,000 francs indiqué plus haut comme disponible pour la construction proprement dite, si l'on tient compte des risques de toute nature inhérents à une pareille affaire, on ne trouvera sans nul doute rien d'exagéré dans les bénéfices qui ont pu être réalisés par la Société Impériale.

On recevra la même impression si, au lieu du détail du prix kilométrique, on envisage l'ensemble de l'opération conclue par la Société Impériale. Elle a reçu en totalité 1,980,000 obligations qui ont produit, au taux de 11 o/o environ, un capital approximatif de 260 millions de francs. Avec cette ressource, la Société a payé l'intérêt du capital pendant deux années en moyenne, c'est-à-dire deux annuités de 28 millions de francs chacune, qui réduisaient le capital disponible à un peu plus de 200 millions de francs ; elle a supporté en outre tous les autres frais d'une aussi importante affaire, et elle a construit dans un pays comme la Turquie (1), c'est-à-dire dans un pays qui offrait à l'établissement d'un réseau de voies ferrées des difficultés de toute nature, 1,250 kilomètres de chemins de fer dont la solidité et la bonne exécution ont été attestées par une épreuve de dix années. Les bénéfices réalisés dans de pareilles conditions, sur le capital total dépassant à peine 200 millions, ont-ils pu atteindre les chiffre fabuleux dont on a parlé et qui s'élèvent à des centaines de millions de francs ? C'est une question sur laquelle il serait inutile d'insister. Le plus simple bon sens suffit pour y répondre.

Bénéfices de la Compagnie d'exploitation.

Des bruits du même genre ont couru sur les gains exorbitants qu'aurait réalisés la Compagnie d'exploitation. Ici encore, de courts éclaircissements, reposant sur des chiffres précis, permettront d'apprécier si la Compagnie a fait et a pu faire les bénéfices dont on a parlé, et si le Gouvernement Ottoman se trouve, comme on l'a dit, en présence d'un contrat ruineux pour lui.

La moyenne des recettes brutes de l'exploitation, en dehors de la période de guerre, s'est élevée, de 1873 à 1884, comme on l'a vu plus haut, et comme il résulte des comptes approuvés par le Gouvernement Ottoman,

(1) Il n'est pas sans intérêt d'indiquer à ce propos les chiffres auxquels s'est élevé le prix de construction de lignes de chemins de fer placées dans des conditions analogues, chiffres qui résultent de documents officiels.

Les lignes algériennes de la Compagnie Paris-Lyon-Méditerranée ont coûté en moyenne 335,000 fr. par kilomètre.
La ligne Bône-Guelma 201,450
   — de l'Ouest-Algérien 185,595
   — du Pirée à Patras 187,090
Les lignes roumaines 186,300
   — principales serbes 198,000

à 8,200 francs par kilomètre et par an. Les dépenses de premier établissement de la Compagnie d'exploitation pour le matériel roulant, le mobilier et les installations qu'elle est chargée de fournir, s'élèvent, d'après les livres de la Compagnie, à 25 millions de francs, soit environ 20,000 francs par kilomètre. En comptant l'intérêt à 6 o/o du capital ainsi engagé et 4 o/o d'amortissement et d'usure du matériel, on arrive pour la charge annuelle afférente au capital à une somme de 2,000 francs par kilomètre et par an, à prélever sur les recettes brutes. Il reste donc à la Compagnie 6,200 francs par kilomètre pour couvrir tous les frais de l'exploitation proprement dite, y compris les appointements du personnel technique, bien plus élevés, nécessairement, en Turquie qu'ils ne seraient en France ou en Allemagne, et le prix du combustible que la Compagnie est obligée de faire venir d'Angleterre. La différence entre ces frais d'exploitation et 6,200 francs par kilomètre forme le bénéfice net de la Compagnie. Il suffit d'avoir la moindre expérience des affaires de chemins de fer pour comprendre de quelle importance a pu être ce bénéfice. Quelques chiffres, empruntés à la statistique de lignes placées dans des conditions analogues, achèveront d'ailleurs de dissiper tout doute à cet égard.

Ainsi la Société des chemins de fer serbes a conclu avec le Gouvernement de Belgrade, le 3 février 1881, un traité d'exploitation dont voici les conditions principales. Sur la recette brute, la Compagnie d'exploitation prélève : 1° une indemnité de 7,800 fr. par kilomètre et par an pour ses frais d'exploitation ; 2° une indemnité égale à 5 o/o d'intérêt et 2 o/o d'amortissement de la valeur totale du matériel roulant, c'est-à-.

dire 1,400 fr. par kilomètre sur un matériel de 20,000 francs par kilomètre ; 3° une part de 2 0/0 des recettes brutes; 4° une indemnité kilométrique spéciale pour les trains supplémentaires. Si l'on avait appliqué ces conditions au réseau de la Compagnie d'exploitation, elle aurait eu, non seulement le droit de conserver par devers elle la totalité de la recette brute de 8,200 fr., mais aussi celui de réclamer au Gouvernement, en dehors de ces recettes, le paiement de 1,164 fr. par kilomètre et par an. Il convient de ne pas perdre de vue que les frais des travaux d'agrandissement jugés nécessaires sont supportés exclusivement par le Gouvernement Serbe, qui se charge également de la réparation de toutes avaries provenant de causes extraordinaires, telles que inondations ou incendies. On voit de combien ce traité est plus favorable que celui de la Compagnie d'exploitation.

Le tableau ci-après fera connaître le montant comparatif des recettes brutes et des frais d'exploitation de quelques autres chemins de fer qui se trouvent, au point de vue des produits, dans des conditions analogues à celles des chemins de fer ottomans.

NOMS des CHEMINS DE FER ET ANNÉES	RECETTES brutes PAR KILOMÈTRE	FRAIS d'exploitation PAR KILOMÈTRE
Est-Algérien, 1882	7.561	6.969
Asturies-Galice et Léon, 1881	8.731	6.408
Archiduc-Albert (Autriche), 1882	7.006	7.560
Ouest-Hongrois, 1882	9.721	7.810
Nord-Est Hongrois, 1882	9.820	7.068
Transylvanie, 1882	9.794	8.225

Il importe de remarquer que ces chiffres ne comprennent pas l'intérêt du matériel roulant, auquel la Compagnie d'exploitation doit en outre pourvoir à ses propres frais.

Des quelques exemples qui précèdent, et qu'il serait facile de multiplier, il résulte que l'exploitation des lignes donnant un produit brut de 7,000 à 10,000 fr. se solde soit en perte, soit par un excédant insignifiant. Il est donc naturel que, dans les conditions où se trouve placé actuellement le réseau ottoman, les chemins de fer qui le composent ne puissent donner au Trésor un revenu direct. C'est d'ailleurs la situation où se trouvent la plupart des États de l'Europe, qui non seulement ne retirent aucun revenu des chemins de fer dont ils ont subventionné la construction, mais sont encore obligés, chaque année, de supporter de nouveaux sacrifices à raison de la garantie d'intérêts, nécessité à laquelle le Gouvernement Ottoman n'est point assujetti. Pour que son réseau de chemins de fer devienne productif, il suffira que la recette brute dépasse le chiffre de 12,000 fr. par kilomètre et par an, puisque, après paiement des déficits antérieurs, l'État participe pour les quatre cinquièmes à tout excédant au delà de ce chiffre. Quand on considère que la ligne aboutissant à Odessa et les lignes roumaines donnent une recette supérieure à 20.000 fr. par kilomètre, que le réseau égyptien produit un revenu brut moyen de 22,183 fr. par kilomètre, on est autorisé à penser que le réseau ottoman, ayant pour têtes de lignes des villes telles que Constantinople et Salonique, desservant des centres de population comme Andrinople et Philippopoli, donnerait depuis longtemps un produit supérieur à

12,000 fr., et par conséquent un revenu au Trésor, s'il
n'était pas resté, par le fait du Gouvernement Ottoman,
dans l'état de division qui a été décrit plus haut, s'il
n'était pas demeuré privé des ports, des quais et des entrepôts, des routes et des jonctions nécessaires pour alimenter son trafic. C'est une situation fâcheuse qui a
porté préjudice à la Compagnie tout autant qu'au Gouvernement Ottoman, mais qu'il dépend du Gouvernement seul de faire cesser.

Tout esprit impartial appréciera, après cet exposé, si
l'on peut considérer comme anormales les conditions
financières faites à la Société Impériale et à la
Compagnie d'exploitation. Si l'on a tenu à donner
quelques détails sur ces questions, c'est qu'il n'est pas
d'entreprise au monde sur laquelle on ait propagé
plus de fausses rumeurs que l'entreprise des Chemins de
fer de la Turquie d'Europe. Ce qui a attiré sur elle
l'attention, et parfois la malveillance, c'est qu'elle est la
seule grande œuvre de Travaux Publics qui ait pu être
menée à terme dans l'Empire Ottoman. Commencée en
1870, poursuivie, en ce qui concerne la construction,
pendant que la guerre franco-allemande désolait l'occi-
dent de l'Europe, continuée, en ce qui concerne l'exploitation, au milieu de toutes les difficultés et de tous les
dangers de la guerre de 1877-1878, elle n'a été arrêtée,
ni par ces graves événements, ni par la crise financière
qui a éclaté en Turquie au mois d'octobre 1875, ni par
les bouleversements politiques qui ont été la conséquence
du traité de Berlin. On devine ce qu'il a fallu de persé-
vérance pour surmonter tous ces obstacles, et il est
facile d'apprécier si les bénéfices réalisés par les organi-
sateurs de l'entreprise, bénéfices que l'on a ramenés ci-

dessus à leur juste mesure, ont été légitimement acquis. Mais le spectacle même de ce succès, le contraste qu'il offrait avec les ruines qui se sont produites depuis dix années et avec les échecs de tant d'autres entreprises, a contribué à susciter des jalousies et des inimitiés. On a réussi à faire partager ces préventions au Gouvernement Ottoman lui-même, à surprendre sa bonne foi, à lui persuader que ses droits et ses intérêts ont été lésés depuis quinze ans. Les explications qui précèdent auront eu pour effet, on l'espère, de dissiper ces préjugés hostiles et de rétablir la vérité.

ANNEXES

ASSEMBLÉE GÉNÉRALE EXTRAORDINAIRE

de la Compagnie des Chemins de fer
du Sud de l'Autriche et de la Haute-Italie

du 19 Juillet 1869.

Présidence de M. le Baron Gustave de ROTHSCHILD.

EXTRAIT DU RAPPORT

DU CONSEIL D'ADMINISTRATION

INTRODUCTION

Messieurs,

Dans notre rapport à l'Assemblée générale du 28 avril dernier, nous vous parlions en ces termes des propositions qui nous avaient été adressées, relativement à l'exploitation du réseau Ottoman.

« Le Gouvernement Turc, disions-nous, s'occupe depuis plusieurs années de rechercher les moyens d'assurer l'exécution d'un chemin de fer qui rattacherait Constantinople au réseau Européen. Jusqu'ici, les tentatives faites, dans ce but, sont restées sans résultat : mais le Gouvernement de la Porte, plus convaincu chaque jour de l'urgence d'une solution, a donné mission à son Ministre des Travaux publics d'aller traiter cette question à Vienne et à Paris. Or, le projet de tracé auquel on s'est arrêté, partant de Constantinople et se dirigeant par Andrinople sur la Bosnie qu'il traverse, viendrait se souder à notre réseau sur la frontière de la Save, dans les environs de Sissek. Ce tracé adopté, le Gouvernement Turc a pensé que le concours de notre Compagnie pouvait lui être très utile pour la réalisation de cette grande entreprise, et, en conséquence, il nous a proposé, par l'organe de son représentant, de nous confier l'exploitation de cette ligne, à mesure qu'elle se construira; le Gouvernement se chargerait, d'ailleurs, de la construction qui serait confiée à une Société financière. »

Au moment où nous entretenions l'assemblée générale de cette importante question, les arrangements ayant pour objet de fixer les bases de l'intervention de la Compagnie avaient reçu la signature du négociateur délégué à cet effet par le Conseil, mais sous réserve de l'approbation de l'Assemblée générale et de la ratification du Conseil d'administration. De son côté, le Ministre des Travaux publics du Gouvernement Ottoman avait réservé l'approbation de la Sublime Porte.

Le Gouvernement Ottoman a approuvé les conventions, et le moment est venu pour notre Compagnie de se prononcer sur les réserves faites par le négociateur qui la représentait.

Nous venons, en conséquence, soumettre à votre approbation les conventions dont le texte vous a été communiqué, et vous donner des éclaircissements qui vous permettront d'en apprécier la portée et les conséquences.

Pour plus de clarté, nous diviserons cet exposé en trois parties. Dans la première, nous indiquerons la composition du réseau et la combinaison qui sert de base aux conventions. Dans la seconde partie, nous vous présenterons, en résumé, les résultats des études que nous avons fait faire, pour évaluer approximativement le trafic et les frais d'exploitation des lignes comprises dans le réseau. La troisième partie aura pour objet l'analyse du texte des conventions.

CHAPITRE Iᵉʳ.

Composition du réseau. — Bases de l'entreprise

Le Réseau comprend deux grandes lignes, partant d'un point de la frontière voisin de la station de Sissek, extrémité actuelle de nos chemins en Croatie, et se dirigeant, l'une sur Constantinople et l'autre sur Salonique. Ces deux lignes ont un tronc commun à partir de la frontière, jusqu'au point où elles se séparent. Ce dernier point n'est pas encore bien déterminé ; mais en admettant les tracés préliminaires, la longueur du tronc commun serait d'environ 670 kilomètres ; la branche dirigée de ce point sur Salonique aurait environ 230 kilomètres, et celle dirigée sur Constantinople 880 kilomètres. En tout : 1,780 kilomètres.

Deux embranchements sont dirigés de la ligne principale, l'un sur Enos, port de l'Archipel, et l'autre sur Bourgas, port de la mer Noire. Ces embranchements auraient ensemble une longueur d'environ 200 kilomètres.

Il suffit de jeter un coup d'œil sur une carte pour reconnaître l'importance des deux lignes principales, qui desserviront le trafic de tout l'Orient avec la plus grande partie de l'Europe.

Pour l'exécution de ces lignes, le Gouvernement Turc s'entend avec une Compagnie concessionnaire, qui les construira à ses risques et périls. Quant à l'exploitation, il a tenu à ce qu'elle fût confiée à notre Compagnie, qu'il charge, en outre, de contrôler, en son nom, la construction du réseau.

CHAPITRE II.

Trafic probable des lignes comprises dans le réseau.

Lorsque la négociation s'est engagée, les renseignements nécessaires pour apprécier les difficultés d'exploitation et le trafic probable du réseau manquaient entièrement, et ce n'était qu'au moyen de considérations générales sur la constitution géographique et géologique des contrées traversées, sur la direction des lignes et sur l'importance des relations qu'elles sont appelées à desservir, qu'on pouvait hasarder une opinion.

Mais, depuis cette époque, le temps a été mis à profit, et les études qui ont été faites, tant par la Société chargée de la construction que par notre Compagnie, permettent d'exprimer un avis, en connaissance de cause.

Ces études nous ont convaincu que, sauf quelques sections en Bosnie, présentant, comme passages de montagnes, des circonstances exceptionnelles, l'exploitation pourra se faire dans des conditions moyennes et ordinaires.

L'appréciation du trafic local présentait des difficultés assez sérieuses, qui ont été heureusement surmontées par le zèle et l'intelligence des agents de notre réseau Sud-Autrichien, employés à cette étude.

Les tableaux détaillés qui résument leurs travaux sont annexés au présent rapport; nous nous bornerons à en indiquer les principaux résultats par quelques chiffres.

Sur deux sections d'une longueur totale de 740 kilomètres, celle d'Uskub à Salonique, et celle de Tatar Bazarschik à Constantinople, le trafic local, tel qu'il existe aujourd'hui, représenterait un produit brut moyen d'environ 14,000 francs par kilomètre.

Sur les autres sections, le produit brut actuel est évalué à des chiffres qui varient entre 4,600 et 6,400 francs par kilomètre.

La moyenne de ces évaluations est pour le réseau entier de 9,000 francs par kilomètre.

De combien ce trafic local augmentera-t-il par suite de l'exécution des chemins de fer? C'est une question à laquelle il serait impossible de répondre avec précision. Mais ce qu'on peut affirmer, c'est que ce trafic est destiné à s'accroître dans une proportion considérable. Les contrées traversées sont productives, et généralement riches en céréales. Le port de Salonique exporte annuellement 150,000 tonnes de blé. La plus grande partie de la production reste dans le pays, faute de voies de transport économique. Dans les contrées élevées et montueuses, les bestiaux et les moutons sont très abondants et à très bas prix, et d'immenses forêts restent inexploitées. Enfin, l'approvisionnement d'agglomérations comme celle de Constantinople, qui réunit plus d'un million d'âmes, et celle d'Andrinople, qui est de 200,000 habitants, ne peut manquer de développer rapidement le trafic local.

Les faits que nous avons vus se produire depuis quelques années en Croatie et en Hongrie, où l'établissement des voies ferrées a amené un développement notable de la production et de la consommation, ne peuvent que confirmer notre conviction de voir le trafic local dépasser promptement le chiffre déjà acquis de 9,000 francs par kilomètre.

Quant au trafic de transit, l'appréciation est plus délicate.

Nous avons pu établir le nombre des voyageurs qui circulent annuellement entre l'Europe occidentale, d'une part, Constantinople et Alexandrie, d'autre part ; nous avons supposé que le chemin de fer s'approprierait une portion de ce mouvement, variant de la moitié aux trois quarts, suivant la position géographique des points de départ. Nous avons admis d'ici à dix ans, et après trois années d'exploitation complète, une majoration de 3o o/o.

Quant aux marchandises, sur un mouvement d'échanges qui atteint aujourd'hui près de 3,ooo,ooo de tonnes, nous n'avons accordé au chemin de fer qu'un chiffre de 5o,ooo tonnes, composé de marchandises ayant toutes une valeur supérieure à 2,ooo francs la tonne. Le mouvement actuel des transports de cette nature a dejà dépassé ce chiffre, et, dans la période de dix années qui vont suivre, un développement progressif est certain.

D'après ces appréciations, dont la modération ne saurait être contestée, le produit du trafic de transit serait de 8,400 francs, qui, joints à 9,ooo francs de trafic local, formeraient, dès les premières années d'exploitation complète, un trafic de 17,400 fr. par kilomètre.

Ces résultats qui dépassent nos premières prévisions, paraîtront, sans doute, satisfaisants.

Quant aux frais d'exploitation, nous sommes en mesure de les évaluer assez exactement, d'après les lignes placées dans des circonstances analogues que nous exploitons dans le Sud de l'Autriche et de la Hongrie, et, sur ce point, nos appréciations ne laissent place à aucune incertitude.

CHAPITRE III.

Analyse des Conventions.

Les conventions soumises à votre approbation sont au nombre de trois.

La première, entre la Compagnie concessionnaire, représentée par M. le baron de Hirsch, et la Compagnie des Chemins de fer du Sud de l'Autriche et de la Haute-Italie, représentée par M. Paulin Talabot, stipule les conditions générales de la prise à bail des chemins de fer de la Turquie d'Europe.

Elle est conclue sous l'autorité et avec l'approbation du Gouvernement Ottoman, et sous la réserve des ratifications ultérieures de ce Gouvernement et de l'Assemblée générale de notre Compagnie. ·

La seconde, entre le représentant du Gouvernement Ottoman et le délégué de notre Compagnie, a pour but de formuler les conditions particulières auxquelles la Compagnie concessionnaire est étrangère, et qui, par conséquent, n'avaient pu trouver place dans la première convention.

Enfin, la troisième, entre le représentant de la Compagnie concessionnaire et celui de notre Société, a pour objet d'expliquer et de compléter quelques-unes des dispositions des autres conventions et du cahier des charges. Cette convention est, comme la première, faite sous l'autorité et avec l'approbation du délégué du Gouvernement Ottoman.

Aux termes de la première de ces conventions, la Compagnie des Chemins du Sud de l'Autriche et de la Haute-Italie prend à bail, aux conditions suivantes, les chemins de fer ottomans ci-dessous indiqués, et se charge de leur exploitation pendant toute la durée de sa propre concession en Autriche, c'est-à-dire, jusqu'en 1968.

La Compagnie prend l'engagement de payer comme prix du bail une redevance annuelle de 8,000 fr. par kilomètre, pour toute section de 80 kilomètres, ou au delà livrée à l'exploitation.

Pour se couvrir de cet engagement et des charges de l'exploitation, la Compagnie prélèvera, sur les produits bruts, 22,000 fr. par kilomètre, plus la moitié de l'excédant au delà de ce chiffre; l'autre moitié de cet excédant est attribuée à la Compagnie concessionnaire, sauf règlement avec le Gouvernement Ottoman.

Pour l'application de cette clause importante, la seconde convention stipule que, pendant la période qui s'écoulera jusqu'à l'achèvement du réseau entier et pendant les trois années qui suivront, le Gouvernement Ottoman s'engage à fournir, à chaque échéance, les fonds nécessaires au paiement de la redevance de 8,000 fr., et à donner, en vue de l'accomplissement de cet engagement, des garanties jugées suffisantes et acceptées par le Conseil d'administration de notre Compagnie.

Par contre, pendant cette période, le partage des produits sera modifié comme il suit : la Compagnie prélèvera 12,000 fr. par kilomètre, plus 1/5 de l'excédant; les quatre autres cinquièmes seront attribués au Gouvernement Ottoman, à titre de compensation pour l'engagement qu'il prend de pourvoir, par ses propres ressources, à la rente de 8,000 fr. pendant cette période.

Dans le cas où les produits bruts d'un exercice resteraient, pendant la première période, au-dessous de 12,000 fr., et pendant la deuxième période, au dessous de 22,000 fr., la Compagnie prélèverait le déficit sur les exercices suivants, avant tout partage.

La Compagnie exerce un droit de contrôle sur l'exécution et la réception des travaux, et les agents chargés par elle de ce service sont en même temps délégués par le Gouvernement, pour l'exercice du contrôle qui lui appartient.

Les articles 6 et 7 du traité d'exploitation que vous avez sous les yeux, contiennent à cet égard toutes les garanties que la Compagnie pouvait désirer.

La troisième convention renferme, au sujet de l'efficacité de ce contrôle, des explications et des réserves spéciales, notamment en ce qui concerne la fourniture et la pose des voies. L'article 2 de cette convention met à la charge de la Compagnie concessionnaire les frais extraordinaires d'entretien, pendant la première année, et les dépenses de réparation et même de reconstruction des travaux d'art, pendant les cinq premières années d'exploitation.

Aux termes de l'article 5 de la première convention, les travaux d'amélioration ou d'extension qui deviendraient nécessaires après la réception définitive, et, en ce qui concerne les travaux d'art, après l'expiration des cinq années de garantie, seront exécutés par la Compagnie exploitante, et seront, pour 4/5 à la charge de la Compagnie concessionnaire, et pour 1/5 à la charge de la Compagnie exploitante.

Enfin, d'après l'article 12 de la même convention, la Compagnie concessionnaire sera tenue, si la Compagnie exploitante l'exige, de lui verser le capital nécessaire pour l'achat du matériel roulant, jusqu'à concurrence d'une somme de 30,000 fr. par kilomètre, et moyennant une rente annuelle de 7 1/2 pour cent du capital avancé. Un délai de six mois est accordé à la Compagnie exploitante, pour déclarer son intention de faire usage de cette faculté.

Telles sont les principales conditions de ces conventions, celles sur lesquelles doivent se porter surtout l'attention du Conseil et la vôtre.

Le point fondamental de cette combinaison, c'est l'engagement pris par la Compagnie de servir, pour prix du bail, une rente de 8,000 fr. par kilomètre. — Quelle est la portée de cet engagement ? — Quelles peuvent en être les conséquences ?

Pendant la première période qui durera environ dix années, le doute ne peut porter que sur les points suivants :

Le prélèvement de 12,000 francs par kilomètre attribué à la Compagnie sera-t-il réalisé ?

La garantie à fournir par le Gouvernement Ottoman sera-t-elle suffisante ?

Sur le premier point, nous n'avons pas de préoccupation sérieuse. Il est possible que, pendant les premières années, le chiffre de 12,000 francs en moyenne ne soit pas atteint; mais, dans ce cas, les frais d'exploitation correspondant à un trafic inférieur à ce chiffre seront très réduits, et le capital engagé dans le matériel sera d'autant plus faible que le trafic sera plus restreint. D'ailleurs, le droit de recouvrer, sur les exercices suivants, le déficit de ces premières années, est une garantie suffisante contre toute perte appréciable.

Quant au second point, le Gouvernement Ottoman se montre disposé à donner des garanties très sérieuses, et, dans tous les cas, il est bien entendu que la ratification des conventions sera subordonnée à l'accomplissement de cette condition.

Dans la seconde période, le seul point sur lequel on puisse élever des doutes, c'est la réalisation du minimum de 22,000 fr. par kilomètre, réservé à la Compagnie.

Les résultats des études faites sur le trafic nous paraissent à cet égard rassurants. Nous avons vu plus haut que le produit kilométrique du réseau, dès son ouverture, devait être évalué au minimum à 17,400 francs ; il suffira donc d'un accroissement de 25 o/o pour atteindre le chiffre de 22,000 francs réservé à la Compagnie exploitante.

De plus, l'attribution à la Compagnie des excédants des années suivantes, pour couvrir les déficits d'un exercice, est, pour un réseau de cette importance, une garantie d'une très grande valeur, et elle met à l'abri de toute perte définitive. Toutefois, et pour éviter les difficultés qui pourraient résulter d'un déficit pendant plusieurs exercices consécutifs, votre Conseil est d'avis qu'il y a lieu de réclamer du Gouvernement Ottoman quelques modifications dans cette disposition des conventions.

Un point important a, en outre, appelé l'attention du Conseil d'administration. Le Gouvernement Ottoman s'est engagé verbalement à exécuter, en même temps que les chemins de fer, un réseau de routes convenablement disposées et suffisantes pour desservir les contrées traversées par le réseau. Or, pour que les chemins de

fer rendent au pays les services qu'on attend de ces voies nouvelles, et pour que leurs produits se développent, la construction
des routes est une condition de première nécessité. Nous pensons
donc qu'il est indispensable, dans l'intérêt du Gouvernement
comme dans le nôtre, qu'un engagement formel à cet égard
soit ajouté aux conventions.

RÉSUMÉ ET CONCLUSION.

La combinaison qui vous est soumise peut se résumer comme
il suit :

Le Gouvernement Ottoman concède à une Compagnie le réseau qu'il s'agit d'exécuter, et cette Compagnie cède simultanément l'exploitation de ce réseau à notre Société, qui est en même
temps chargée du contrôle et de la réception des travaux.

Le prix du bail est fixé à 8,000 francs par kilomètre, et pendant la période qui s'écoulera jusqu'à l'expiration de la troisième
année d'exploitation complète, le Gouvernement Ottoman se
charge de fournir les fonds pour le service de cette rente. Pendant cette première période, la Société exploitante prélève, sur
les produits, 12,000 francs par kilomètre, plus 1/5 de l'excédant.
Dans la deuxième période, elle prélève 22,000 francs, plus la
moitié de l'excédant. Les déficits d'un exercice sont, dans l'une
et l'autre période prélevés, avant tout partage, sur les produits
des exercices suivants.

La Compagnie exploitante n'a d'autre dépense à sa charge que
celle du matériel roulant, et, si cela lui convient, la Compagnie
concessionnaire est tenue de lui fournir le capital nécessaire à
cet effet moyennant une rente de 7 1/2 o/o.

Ainsi, cette entreprise, d'un si grand intérêt au point de vue
politique comme au point de vue économique, et qui doit exercer une influence si considérable sur l'avenir de notre Compagnie, se trouverait réalisée, avec son concours, sans qu'elle ait
aucun capital à y engager, et sans qu'elle ait de risques sérieux
à courir. Le contrôle des travaux qui lui est attribué, l'exploitation de ce grand réseau qui lui est assurée, pour toute la durée
de la concession, lui donnent, et donnent aux gouvernements
intéressés et au public, la garantie que le réseau sera construit et
exploité dans des conditions convenables. A tous les points de

vue, la combinaison, pour la réalisation de laquelle nous faifaisons appel à votre concours, nous paraît donc mériter votre approbation, et nous n'hésitons pas à vous demander les pouvoirs nécessaires pour la ratifier définitivement, en votre nom, lorsque le moment en sera venu.

Nous devons ajouter qu'une négociation s'est tout récemment engagée avec une des principales Compagnies de chemins de fer de l'Autriche, qui se trouve placée, à l'égard des chemins turcs, dans une situation analogue à la nôtre, et qui a le même intérêt à la bonne conduite de l'entreprise. Il est probable que cette négociation aboutira, et il est désirable qu'elle aboutisse à une entente commune ; et, en prévision de ce résultat, nous vous demandons les pouvoirs nécessaires pour conclure cette alliance, qui aurait une véritable importance, et qui donnerait un gage de plus à la solidité et à la sécurité de l'entreprise.

RÉSOLUTION DE L'ASSEMBLÉE.

Les feuilles signées au commencement de la séance constatent la présence de 95 actionnaires, représentant 171,165 actions.

A l'unanimité, l'Assemblée générale approuve les conventions soumises à son examen, et donne tous pouvoirs au Conseil d'administration pour les ratifier, et y apporter, dans l'intérêt de la Compagnie, les modifications qui lui paraîtraient utiles ou nécessaires. L'Assemblée autorise, en outre, le Conseil d'administration à conclure, s'il y a lieu, un traité de participation ou d'alliance avec une autre Compagnie de chemins de fer, pour l'exécution des dites conventions.

EXTRAIT DU JOURNAL

« LA TURQUIE »

Numéro du 3 Février 1885

ACTES OFFICIELS

COMMUNICATION OFFICIELLE

(Traduit du Turc)

Depuis quelque temps, la presse locale s'occupe de la question des chemins de fer de la Turquie d'Europe. La presse étant libre dans les limites de la loi, toute discussion qui s'y renfermerait ne saurait jamais être l'objet d'aucune observation ; mais quelques organes de la presse locale, dans leurs publications sur cette question, ont dépassé les bornes de la convenance. D'autres, dans leurs articles, basés sur des renseignements incomplets, ont touché aux droits et aux intérêts du Gouvernement Impérial, tout en faisant des allusions tendant à accréditer que les décisions adoptées par le Gouvernement Impérial ne seraient pas conformes à la nature des choses.

Vu ces insinuations graves, il est devenu nécessaire de donner des explications sur le fond de la question et de la remettre sous son véritable jour.

Les différends qui ont surgi du chef des affaires du chemin de fer de la Turquie d'Europe, entre le Gouvernement Impérial et M. de Hirsch, se divisent en trois catégories :

1° La partie financière des conventions ;
2° Le premier établissement des lignes ferrées ;
3° La ligne de jonction partant de Mitrovitza et aboutissant à la frontière serbe.

MM. de Hirsch et compagnie conclurent à la date du 17 avril 1869 une convention avec le Gouvernement Impérial. Les dispositions fondamentales de cette convention consistaient dans l'établissement complet, dans l'espace de sept ans, d'un réseau comprenant une ligne principale partant de Constantinople, passant par la Bosnie et aboutissant jusqu'aux rives de la Save, des embranchements sur Andrinople, Philippopoli, Dédéagatch, Bourgas et Salonique, ainsi que dans l'exploitation de ces lignes par M. de Hirsch pendant 99 ans.

En compensation de ces engagements, M. de Hirsch obtint le droit (article 7 de la convention), de transférer l'exploitation des lignes à la Compagnie Sudbahn (des chemins de fer autrichiens), d'avoir à sa disposition absolue et exclusive une redevance kilométrique annuelle payable par la Compagnie d'Exploitation, outre la rente par kilomètre et par année que le Gouvernement paierait (art. 8 de la convention), de toucher du Gouvernement Impérial une somme kilométrique annuelle de 14,000 francs pendant toute la durée de la concession (art. 9 de la convention), et d'exploiter dans la zone des lignes ferrées les mines, les carrières et les forêts (art. 10).

D'un autre côté, les avantages assurés au Gouvernement Impérial consistaient en ce que la Compagnie s'était engagée à payer au Gouvernement Impérial 30 o/o du surplus du revenu brut des chemins de fer dans le cas où celui-ci dépasserait la somme de 22,000 francs en moyenne par kilomètre dans le réseau tout entier ou dans les lignes mises en état d'exploitation.

Cependant il incombait au Gouvernement (art. 11 de la convention) de supporter toutes les dépenses qui seraient occasionnées par l'établissement d'une seconde voie si elle était jugée nécessaire ultérieurement, ainsi que les frais de la construction des chaussées et les dépenses ultérieures qui seraient effectuées pour les travaux d'agrandissement de toute espèce spécifiés dans la convention d'exploitation.

M. de Hirsch était dans ces conditions le concessionnaire des lignes et s'engageait en outre à en diriger les opérations financières.

Ainsi qu'il a été constaté plus haut, M. de Hirsch, outre la redevance kilométrique payable par la Société d'exploitation, avait obtenu du Gouvernement Impérial l'engagement de lui payer une rente par kilomètre et par année de 14,000 francs.

Afin de réaliser le capital nécessaire à l'établissement du réseau, M. de Hirsch contracta un emprunt, en capitalisant la dite rente kilométrique de 14,000 francs. Cet emprunt fut réalisé par une émission d'obligations. Aussi le Gouvernement Impérial s'était engagé à faire le service des annuités, intérêt et amortissement, sans grever les titres d'aucun impôt, et à spécifier cette condition de remboursement sur les titres mêmes des obligations par une mention spéciale revêtue de la signature du délégué du Gouvernement Impérial et, en outre, d'apposer sur ces titres le sceau de l'Empire.

Le Gouvernement Impérial a commencé, à partir de la date de la convention du 17 avril 1869, à payer l'intérêt et l'amortissement des obligations; il continue à faire ce service simultanément avec celui de la Dette publique.

Les obligations étaient au nombre de quatre millions et d'une somme nominale de 400 francs chacune.

Au début des travaux, le concessionnaire avait pris deux millions d'obligations et les avait réalisées sur les marchés de Constantinople et d'Europe au taux de 200 francs chacune ; mais il n'avait crédité le Trésor impérial qu'à raison de 110 francs par obligation. Aussi le Gouvernement Impérial a de ce chef une réclamation de deux millions de livres qui reste en litige.

D'un autre côté, M. de Hirsch ne pouvant pas construire à partir de la date de la première convention et jusqu'en 1872, tout le réseau y compris les lignes qu'il n'a pas même entamées, à cause des difficultés et des dépenses considérables, il est intervenu le 18 mai 1872 entre le Gouvernement Impérial et M. de Hirsch une nouvelle convention qui a modifié tous les engagements primitifs.

La convention qui contenait l'engagement de construire un réseau de lignes d'une longueur totale de 2,000 kilomètres environ fut modifiée et l'on se contenta de la construction de lignes d'une longueur totale de plus de 1,200 kilomètres, passant par des contrées plates. Néanmoins, dans la dernière convention, les frais de premier établissement des lignes étaient calculés et payés à raison de 200,000 francs par kilomètre, somme qui, dans l'ancienne convention était fixée pour l'ensemble du réseau, y compris les tronçons d'un tracé difficile à construire.

Dans la nouvelle convention le terme de la concession était réduit de 99 ans à 50 ans et en même temps M. de Hirsch rétrocédait au Gouvernement Impérial tous ses droits vis-à-vis de la Compagnie d'exploitation.

L'article 1er de la nouvelle convention de 1872 est ainsi conçu :

« La concession accordée à M. le baron de Hirsch par convention du 17 avril 1869 et Firman Impérial du 7 octobre de la même année, et rétrocédée par M. le baron de Hirsch à la Société Impériale des Chemins de fer de la Turquie d'Europe, redevient complètement la propriété du Gouvernement Impérial, en ce qui touche la Société Impériale des Chemins de fer de la Turquie d'Europe.

» Pour ce qui concerne les relations de la Société Impériale avec la Compagnie Générale pour l'exploitation des Chemins de fer de la Turquie d'Europe, le Gouvernement Impérial ottoman est complètement substitué à la Société Impériale, conformément aux stipulations du traité d'exploitation intervenu en date de ce jour. »

Donc M. de Hirsch n'est plus aujourd'hui le concessionnaire des chemins de fer ; mais, afin de construire les lignes de jonction, il présente, contrairement à l'article 1er de la convention, la Compagnie locataire comme la Société concessionnaire, ce qui est l'un des points en litige.

M. de Hirsch, en vendant la concession au Gouvernement Impérial, a cédé en même temps la rente kilométrique de 8,000 francs payables par la Compagnie d'exploitation, ce, comme conséquence naturelle de la rétrocession.

Comme compensation de cette rétrocession de la concession M. de Hirsch a reçu par anticipation du Gouvernement Impérial — à raison de 72 mille et tant de francs par kilomètre — une somme de 90 millions de francs, soit plus de quatre millions de livres. Par conséquent, le Gouvernement Impérial a le droit de rechercher et de réclamer la rente kilométrique afférente aux lignes mises en exploitation et dont le total atteint la somme de cinq millions de livres. Bien que l'on allègue certains prétextes pour retarder le règlement de cette redevance kilométrique, la convention conclue en 1872 exclut toute excuse par le 2ᵉ paragraphe du premier article ainsi que par les articles 3, 10, 11 et 15.

Tel est l'exposé des différends qui subsistent entre le Gouvernement Impérial et M. de Hirsch concernant les opérations financières et autres des chemins de fer.

Les titres Obligations qui forment une somme de 25 millions de francs et qui étaient déposés dans les Banques pour assurer les engagements intervenus en conformité de l'art. 20 de l'ancienne convention ont été dernièrement échangés en grande partie en d'autres espèces de titres.

Dans un emprunt, tout-à fait étranger aux chemins de fer, conclu par le Gouvernement Impérial, M. le baron de Hirsch avait pris une participation pour une somme de 800,000 livres environ et avait eu, en nantissement, des titres de la Dette publique et d'autres valeurs pour une somme de 3,250,000 livres environ qu'il detient jusqu'à présent malgré le remboursement de sa participation de 800,000 francs par le gouvernement.

Ce sont ces préjudices et d'autres pertes de ce genre subies par le Trésor que le Gouvernement Impérial se trouve en droit de rechercher au point de vue financier.

Quant à la construction des lignes, la Compagnie de Construction s'était engagée d'établir ces lignes à raison de 200,000 francs le kilomètre ; mais elle a confié les travaux à des entrepreneurs à des prix inferieurs à la moitié de cette somme, soit à 90,000 francs environ le kilomètre.

Il est naturel qu'au point de vue de la solidité et des autres conditions de construction, les lignes qui, d'après le prix convenu, devaient être établies à raison de 200,000 francs le kilomètre auraient été tout autres que celles qui ont été construites pour 90,000 francs.

Le concessionnaire est convenu avec le Gouvernement de construire ces lignes à un prix aussi élevé et a pris des engagements, en conséquence, par rapport à la nature et à la solidité de la construction. Plus tard, à l'insu de l'une des parties contractantes, c'est-à-dire du Gouvernement Impérial, ce concessionnaire, contrairement au cahier des charges, s'est mis d'accord avec des entrepreneurs pour un prix inférieur et a fait avec eux un autre cahier des charges dans des conditions ne garantissant guère, au point de vue de la solidité et des autres détails, celles qui avaient été stipulées dans le cahier des charges original. Ce sont des questions qui ont une grande portée en elles-mêmes au point de vue de la loi et du droit.

La commission d'expertise composée de personnages appelés d'Europe et dont la loyauté et les connaissances techniques sont à toute épreuve, a examiné ces lignes et a déclaré que leur construction était en tout point contraire aux dispositions du cahier des charges et la commission a jugé ces lignes insuffisantes pour un fonctionnement régulier. Le résultat de cette expertise a été communiqué dans le temps à la Sublime Porte dans des rapports détaillés. Ainsi le Gouvernement Impérial se trouve obligé d'avoir aussi recours, en ce qui concerne la construction, aux clauses du cahier des charges qui a été signé le 18 mai 1872.

L'article 29 du susdit cahier des charges est ainsi conçu :

« Faute par la Société, d'avoir, sauf le cas de force majeure régulièrement constatée, exécuté et terminé les travaux dans les délais fixés par la convention ci-annexée, faute enfin par elle d'avoir rempli les diverses obligations qui lui sont imposées par le présent Cahier des Charges, la Société encourra la déchéance.

» La déchéance ne pourra pas être prononcée sans une mise en demeure régulière, faite à la Compagnie concessionnaire.

» Cette mise en demeure devra stipuler en quoi les obligations de la Compagnie n'ont pas été remplies et ce n'est que faute par la Compagnie de les exécuter dans un délai de six mois, date de la mise en demeure, que le Gouvernement, passé ce délai, pourra prononcer la déchéance. »

En ce qui concerne les lignes de jonction, elles auront en tout une longueur totale de 120 kilomètres dont la construction, — à la suite de la signature de la convention de Vienne — a été également offerte à M. de Hirsch. Mais depuis cette époque jusqu'à ces derniers temps, — il y a deux mois et demi, — il y a eu déjà entre le ministère compétent et les représentants de M. de Hirsch des négociations et un échange de correspondance. Le résultat final de ces négociations a été que M. de Hirsch s'engageait à construire les lignes de jonction à 200,000 francs le kilomètre à condition que le Gouvernement Impérial se désisterait de ses réclamations antérieures, et que M. de Hirsch créditerait le gouvernement de 1,500 francs par kilomètre au lieu et place de 8,000 francs ; que, en outre, cette somme de 1,500 fr. serait retenue par M. de Hirsch en remboursement des dépenses à effectuer pour la construction des dites lignes de jonction.

Ces propositions étant évidemment inacceptables, le Gouvernement Impérial a décidé de conclure avec une autre Société pour la construction des lignes de jonction et, si cela était impossible, de se charger lui-même de la construction des lignes en régie : un groupe de financiers de Paris a alors proposé de construire ces lignes à raison de 175 mille francs par kilomètre. C'est à la suite de cette décision que M. de Hirsch de son côté s'est offert à les construire au prix de 150 mille francs. Le groupe de Paris s'engage à poser des rails en acier, à établir une station à chaque parcours de 13 kilomètres, à entretenir ces lignes pendant cinq années consécutives sans demander pour cela aucun frais au Gouvernement et enfin à se porter garant pour toutes indemnités qui résulteraient de la construction défectueuse des lignes ; tandis que dans la proposition de M. de Hirsch il y a à examiner si au prix de 150,000 francs par kilomètre on construira les nouvelles lignes de la même manière que le groupe de Paris, ou bien si l'on se conformera aux conditions du cahier des charges de 1872 ; ou bien encore si on construira les nouvelles lignes avec une dépense bien au-dessous du prix, comme ont été construites les anciennes lignes.

Pour élucider ces points il n'y a aucun engagement ni aucun projet de cahier des charges. Mais en admettant même que les lignes de jonction fussent construites d'après l'ancien cahier des charges, il y aurait encore une différence en plus de 30,000 francs environ par chaque kilomètre, somme qui, d'après le calcul fait, devrait être donnée sans motifs à M. de Hirsch.

Tels sont les motifs de la différence qui existe entre les prix du groupe de Paris et ceux de la proposition ultérieure de M. de Hirsch offrant de construire le kilomètre à 150,000 francs.

Un des points de la nouvelle proposition de M. de Hirsch porte que la Compagnie conservera la nationalité austro-hongroise jusqu'au règlement des questions pendantes.

Cette proposition est contraire à la condition posée par le Gouvernement Impérial. La condition de la nationalité, d'après le Gouvernement, devait être acceptée immédiatement et pour toutes les lignes en général. Or, le Gouvernement, en acceptant ce point de la proposition de M. de Hirsch, aurait implicitement reconnu que, dans toutes les questions financières antérieures et les conflits existant entre le gouvernement et la Compagnie de Construction, cette Compagnie serait considérée comme autrichienne, ce qui est contraire aux clauses de la convention et du cahier des charges de 1872. Aujourd'hui la Compagnie d'exploitation seule possède la nationalité austro-hongroise, tandis que cette nationalité ne peut être invoquée en ce qui concerne la comptabilité des lignes et la Compagnie de Construction.

Sous ce rapport, la convention de construction du 18 mai 1872 stipule dans l'art. 9 que la Compagnie, pendant la liquidation des comptes, reste soumise aux lois générales de l'Empire ottoman, et la convention d'exploitation, portant la même date, dit dans l'article 19 que la Compagnie d'exploitation ne pourrait se transformer en société d'une autre nationalité qu'avec l'approbation préalable du gouvernement.

Telle est la vérité sur les questions se rattachant aux chemins de fer de Roumélie.

Le Gouvernement Impérial fera connaître incessamment la décision qu'il aura prise relativement aux propositions faites à la suite de celles de la nouvelle Société. En conséquence les journaux sont invités à attendre cette décision et s'abstenir, de toutes publications qui, n'étant pas basées sur une connaissance complète de la question, pourraient donner lieu à des interprétations erronées et nuire ainsi aux droits et aux intérêts de l'Empire.

RAPPORT DE LA COMMISSION

CHARGÉE

PAR LES PRINCIPAUX ACTIONNAIRES

DE

L'EXAMEN DU RÉSEAU DES CHEMINS DE FER

DE LA TURQUIE D'EUROPE

ET COMPOSÉE DE

MM. ÉMILE HARTWICH, Conseiller intime du Gouvernement prussien;

Le baron MAX-MARIA DE WEBER, Conseiller aulique et ministériel du Gouvernement impérial et royal d'Autriche;

ALOïS RŒCKL, Directeur général de la construction des chemins de fer de l'État bavarois.

En suite de la délibération qui a eu lieu à Vienne le 10 octobre dernier, les soussignés ont examiné et visité en détail les lignes suivantes, situées dans la Turquie d'Europe :

1° De Constantinople à Andrinople ;

2° D'Andrinople à Dédéagatch ;

3° — Sarembey (Bellova).

Les procès-verbaux dressés au fur et à mesure des opérations indiquent en détail les documents qui ont été communiqués

aux soussignés, ainsi que les constatations auxquelles ils se sont
livrés, en parcourant deux fois chacune des lignes sus-nommées.

En conséquence, les trois commissaires résument comme suit
le résultat d'ensemble auquel ils sont arrivés à la suite de leur
examen.

Tracé.   Le tracé d'un chemin de fer doit, en tout pays, être considéré
comme la partie la plus importante et la plus difficile de la
tâche imposée à l'ingénieur. Ce travail préliminaire influe directement, non pas seulement sur les frais de premier établissement, mais aussi sur les dépenses d'entretien, sur les conditions
d'exploitabilité, sur les interruptions de service plus ou moins
durables qui peuvent se présenter dans l'avenir.

Si le choix d'un tracé rationnel présente de très graves difficultés dans des pays civilisés, munis de plans et de mesurages
préexistants qui servent de base au travail, si, dans ces conditions relativement favorables, des fautes importantes sont souvent commises, on peut dire à bien plus forte raison que ce choix
devient un des problèmes les plus ardus qui soient posés à l'ingénieur, dans un pays dont la plus grande partie est à l'état de
désert, dans un pays totalement inconnu et où toutes les données
nécessaires font défaut, où la population est entièrement absente
sur des étendues de plusieurs lieues, ou bien prête à toutes les
violences, dans un pays tantôt aride et exposé à des chaleurs tor-
rides, tantôt ravagé par de violentes tempêtes et menacé par des
pluies torrentielles qui durent des semaines entières.

Telle est la contrée dans laquelle ont été construites les lignes
parcourues par la Commission, lignes d'une longueur de 815
kilomètres, exécutées pendant un délai de trois ans.

Dans le voisinage de Constantinople, le tracé a été indiqué par
des considérations de diverses natures. On a dû, ensuite, fran-
chir la crête de partage qui sépare le bassin de la mer de Mar-
mara de celui de l'Archipel, et ce passage a présenté de grandes
difficultés.

Le plateau où se trouve la station de Sinekli n'a, il est vrai,
que 230 mètres au-dessus du niveau de la mer; mais, pour le
gravir, il a fallu chercher à développer fortement le tracé dans un
terrain sauvage, entrecoupé de ravins nombreux, profonds, escar-
pés et rocheux. Malgré ces développements, on n'a pu arriver à
abaisser le maximum d'inclinaison, dans cette partie, au-dessous
de quinze millimètres par mètre dans la direction de Constanti-

nople, et de 13 millimètres par mètre dans la direction d'Andrinople. Le terrain inculte, manquant de toute formation régulière, couvert de broussailles très basses, s'étend le long de la ligne sur une largeur de 3o kilomètres. Ce n'est qu'après des levés de plans exécutés avec soin et au milieu de grandes difficultés qu'il a été possible de trouver un tracé rationnel ; encore n'a-t-on pu éviter la nécessité de remblais de 20 mètres de hauteur et de profondes tranchées.

La ligne atteint la vallée de Tchorlou vers le kilomètre 120, et à partir de ce point, la suite du chemin de fer, tant jusqu'à Andrinople et Bellova que jusqu'à Dédéagatch, a été indiquée dans sa direction générale par les vallées des cours d'eau : il a donc fallu, en fixant le tracé, avoir égard aux considérations usuelles qu'imposent les torrents des montagnes ou les grandes plaines exposées aux inondations.

Vu l'absence complète de données sur le régime des eaux, et dans des régions incultes où les parties de terrain les plus menacées présentent l'aspect de plaines brûlées pendant les neuf mois que dure la saison des chaleurs, tandis que la saison des pluies y improvise subitement des torrents d'une grande violence et y cause des inondations inattendues, il est absolument nécessaire de procéder avec les précautions les plus minutieuses, et d'appliquer le chemin de fer au terrain naturel aussi complètement que possible. Les recherches faites ont démontré que, sur tout le parcours, cette condition a été remplie avec succès.

On a reproché au tracé de contenir des courbes et des allongements, qui auraient été recherchés à dessein pour augmenter la longueur kilométrique. Tous les points qui ont soulevé des doutes à cet égard ont fait l'objet de vérifications minutieuses de la part de la Commission, et ces vérifications ont démontré que les reproches dont il s'agit ne peuvent avoir été formulés que par des personnes manquant des connaissances nécessaires en matière de fixation de tracés.

Il est vrai que, dans des pays civilisés et en vue d'un fort trafic, le choix de tracés plus coûteux aurait pu, sur quelques points, paraître préférable pour raccourcir la ligne. Mais, dans les conditions locales où l'on se trouvait, en présence du climat, de la disposition du terrain, et du trafic que les lignes examinées par la Commission sont appelées à desservir, il est hors de doute que l'on doit reconnaître comme seuls fondés les principes qui ont présidé à la détermination de leur tracé.

· Le long de toutes les lignes parcourues par la Commission, les vallées des fleuves se composent d'un sol très gras, dur comme la pierre en été et montrant des crevasses qui traversent souvent les couches d'humus les plus épaisses, mais se liquéfiant sous l'influence de la pluie. Ne fût-ce que pour ce motif, il est absolument utile d'y réduire autant que possible les remblais et les tranchées. Mais il est tout à fait indispensable d'éviter, autant que faire se peut, tous remblais en terrain d'inondation, sous peine de s'exposer aux plus grands inconvénients, notamment à des interruptions d'exploitation.

Sur des points où l'on avait, au début, placé trop hardiment la ligne en terrain d'inondation, la nécessité s'est ultérieurement démontrée de se rapprocher du coteau. En se tenant sur la paroi de la vallée et en cherchant à éviter autant que possible toute différence de niveau notable entre le terrain naturel et la plate-forme du chemin de fer, on réduit à leur minimum tous les ouvrages nécessaires et on a en outre l'avantage de trouver le plus souvent à proximité de la voie du ballast de la meilleure qualité, en quantité très suffisante. Tout ingénieur expérimenté sait combien un tracé choisi d'après ces principes facilite l'entretien de la voie et des ouvrages.

En Allemagne, en Autriche, et dans d'autres pays où les soussignés ont visité de nombreux chemins de fer, ils connaissent peu de lignes qui, sur une longueur de 815 kilomètres, offrent des conditions d'entretien aussi exceptionnellement favorables, et une aussi faible proportion d'ouvrages difficiles.

Au point de vue des inclinaisons, les lignes situées dans les vallées et parcourues par la Commission sont très favorables pour l'exploitation. Naturellement, de longs alignements ne peuvent être que rarement trouvés sur un terrain comme celui dont il s'agit. Les rayons des courbes ne s'abaissent que sur quelques points et conformément aux plans approuvés, jusqu'au minimum de 275 mètres fixé par le cahier des charges.

En conséquence, la Commission reconnaît que le tracé des lignes a été rationnellement choisi. Il a été d'ailleurs partout approuvé, sans observation, par le gouvernement turc, ainsi que l'indiquent les plans soumis à la Commission.

Terrassements et talus. Les terrassements et talus sont actuellement partout exécutés conformément aux conventions.

A l'exception des parties qui avoisinent des deux côtés le plateau de Sinekli, les talus des remblais sont couverts de plantes répondant au climat et aux conditions du terrain, de telle sorte qu'en général, à cet égard, on peut les regarder, sans aucun doute, comme suffisamment consolidés.

Partout où la nécessité s'en est fait sentir, on a exécuté des perrés, des empierrements, et garanti le talus d'une manière efficace. Sur la partie de ligne déjà mentionnée, qui franchit les hauteurs de Sinekli, la construction a rencontré les plus grandes difficultés qui se soient présentées sur tout l'ensemble des lignes parcourues par la Commission. L'argile bleue et aqueuse, dont la couche se trouve à une certaine profondeur au-dessous du sol, après avoir résisté pendant une année à la pression des remblais, a, dans l'hiver de 1873 à 1874, à la suite de pluies d'une persistance exceptionnelle, cessé de pouvoir porter la charge qui lui était imposée. Il s'est produit en conséquence des mouvements du sous-sol, d'où sont résultés des tassements et glissements de remblais, et l'exploitation n'a pu être continuée qu'au prix d'efforts extra-ordinaires. Actuellement on a exécuté sur une très grande échelle des galeries et d'autres travaux de dérivation pour détourner à ciel ouvert l'eau qui se trouvait sous terre dans les couches de glissement. La plate-forme des terrassements présente aujourd'hui même, sur les remblais les plus élevés, l'assiette et la largeur normale prescrites par les conventions. En présence de conditions locales de cette nature, il n'est pas au pouvoir de l'homme d'assurer avec certitude que de nouveaux mouvements ne se produiront point. De pareils faits se produisent fréquemment et en tous pays dans les parties montagneuses.

Sur d'autres points encore, qui ont été indiqués en détail dans les procès-verbaux dressés en cours de route, on a exécuté avec intelligence les travaux de défense ainsi que les exhaussements et les déplacements nécessaires.

Les talus des tranchées sont inclinés suivant la nature du sol. Sur les points où la présence du roc permettait de leur donner une forte inclinaison, on a néanmoins exécuté partout les travaux avec la largeur prescrite par les conventions.

Nous devons donc également, en ce qui concerne les terrassements, constater que leur exécution a eu lieu conformément aux conventions et aux règles de l'art.

Passages à niveau, clôtures et signaux.

Si l'on considère les contrées traversées par le chemin de fer, contrées désertes, où l'on n'aperçoit souvent que de misérables cabanes éparses, et des caravanes de chameaux ou d'autres bêtes de somme, on reconnaît que, pour l'établissement de passages à niveau, on ne saurait appliquer ici les mêmes principes que dans des pays cultivés. Le cahier des charges stipule, il est vrai, que tous les passages à niveau doivent être munis de barrières, et, d'après cette clause, la Société serait tenue d'exécuter encore toutes les barrières qui manquent. Mais l'inutilité de l'établissement de ces appareils sur des passages à niveau où la circulation est presque nulle, et sur des lignes à faible trafic, où la voie est abordable à tout venant, est tellement manifeste que la Société est sans doute excusable de n'avoir pas exécuté, dans la plupart des cas, la prescription dont il s'agit.

Sur les points au contraire où le chemin de fer coupe des chemins plus fréquentés, on a exécuté des barrières et des loges de gardes.

Tout le long du chemin de fer se trouve un télégraphe électrique Siemens et Halske, avec fil simple et poteaux. L'établissement de signaux optiques continus aurait été entièrement inutile, et leur emploi aurait même été dangereux, en raison du degré de culture intellectuelle de la population du pays, dans le sein de laquelle il aurait fallu prendre les gardiens chargés de leur service. Dans certaines stations plus importantes, indiquées par les procès-verbaux, des signaux de protection ont été établis.

Nous devons signaler comme nécessaire l'indication des longueurs et des inclinaisons au moyen de signes fixes, que l'on puisse nettement apercevoir du train lui-même ; les tablettes actuellement existantes, placées sur les poteaux télégraphiques, et indiquant le kilométrage, ne sauraient être considérées comme suffisantes à cet égard.

Ponts et aqueducs. Les ponts et aqueducs donnent lieu aux observations suivantes.

Le système des ponts en bois doit, il est vrai, être rejeté en général, et n'est justifié que dans les cas de nécessité. Mais pour les lignes dont il s'agit ici, il était absolument impossible d'éviter l'usage du bois, parce qu'il était impraticable de se procurer en temps utile et de transporter au lieu d'emploi de lourdes pièces de fer, en raison de difficultés que les transports rencontrent dans ce pays. Ce n'est qu'en recourant à l'emploi du bois qu'il a été possible de construire, dans l'espace de trois ans, 815 kilomètres de chemins de fer à travers des régions désertes, inhabitées, privées de tout chemin. Les premiers ponts ont dû même être établis au moyen de bois venant de l'étranger (de Styrie).

D'après le cahier des charges, l'emploi du bois était aussi admis pour les culées, et par suite les ponts de la section comprise entre les kilomètres 7 et 22 de la ligne de Constantinople à Andrinople, section construite dès l'année 1870, ont été exécutés avec culées en bois, tandis que, sur tout le reste des lignes, les ouvrages ont été exécutés avec culées en maçonnerie, conformément aux types qui ont été approuvés postérieurement à l'année 1870.

Les ponts qui ont été établis les premiers ne montrent pas partout l'exécution soignée et le fini qu'on est habitué à donner dans les pays civilisés. En outre la qualité des bois employés dans ces ponts, les premiers construits, n'est pas de nature à leur assurer une longue résistance contre les effets du climat. Aussi a-t-on déjà en plusieurs endroits, et par mesure de précaution, remplacé le bois par de la maçonnerie dans les piles, ainsi qu'il · est indiqué en détail par les vérifications relatées dans les procès-verbaux. Les culées construites en pierres, de même que les aqueducs voûtés, sont exécutées avec soin, souvent même avec un fini tout spécial, et en bons matériaux.

Le grand pont en fer qui traverse la Maritza près de Koulleli-Bourgas, et dont il est parlé plus en détail dans les procès-verbaux, est solidement et très soigneusement exécuté, tant en ce qui concerne la maçonnerie des culées qu'en ce qui touche les piles en fer. Les parties métalliques du pont ont été fournies par MM. Nicaise et Delcuve à la Louvière.

Il reste à remarquer que, d'après les vérifications et mesurages effectués par la Commission, les ponts ont été trouvés conformes aux plans approuvés et au profil en long, ainsi qu'aux types et projets spéciaux également approuvés. Dans beaucoup de cas on a donné aux ouvrages beaucoup plus d'importance que les plans approuvés ne le prescrivent. Sur aucun point, la Commission n'a trouvé, pendant sa visite, d'ouvrages qui donnent des inquiétudes au point de vue de la sécurité publique. Les ouvrages en charpente devront être surveillés et entretenus avec soin.

La voie est établie, dans sa plus grande partie, sur un ballast de *Voie.* bonne qualité, qui se trouve presque partout en épaisseur et en quantité plus forte que ne le prescrivent les conventions et plans. Les traverses sont de dimensions suffisantes; une partie d'entre elles est en sapin; dans les courbes elles sont généralement en chêne. Les traverses en sapin venues par eau n'ont qu'une faible durée; aussi les échange-t-on dès maintenant en quantités considérables, partout où se montrent des défectuosités. Quoique les traverses en sapin provenant de forêts du pays et non flottées soient d'une qualité meilleure, on procède également dès à présent, par mesure de précaution, à leur remplacement par des traverses en chêne, en commençant par celles qui avoisinent les joints des rails.

De Constantinople jusqu'au kil. 247 il a été fait usage de rails d'acier de 7ᵐ,63 de longueur, 0ᵐ,11 de hauteur, et pesant 25 kilos par mètre courant. Sur le reste des lignes, les rails sont en fer, avec 6ᵐ,54 de longueur, 0ᵐ,13 de hauteur et un poids de 34 kilogrammes par mètre courant. Les rails sont réunis par des éclisses. Sous les rails d'acier se trouvent huit traverses, sept sous les rails de fer. Les joints des rails sont en porte-à-faux.

Les rails d'acier ainsi que les rails en fer ont été reconnus conformes aux projets approuvés, ainsi qu'aux prescriptions du cahier des charges.

La voie est partout exécutée conformément aux règles de l'art ; le surhaussement nécessaire et usuel du rail extérieur a été ménagé dans les courbes. La voie de fer présente une stabilité plus grande que la voie d'acier ; mais cette dernière répond d'une manière complète aux exigences du trafic et de la sécurité publique.

La Commission constate en conséquence qu'en ce qui concerne la voie, le chemin de fer répond aussi d'une manière complète aux conventions, aux plans et aux règles de l'art.

Stations. Toutes les stations, sur les lignes parcourues par la Commission, sont exécutées sur la base des types approuvés ; toutefois, elles ont reçu presque toutes des agrandissements, en sorte que leur presque totalité présente des dimensions supérieures à celles des types approuvés, tandis qu'aucune n'en a d'inférieures.

Les modifications apportées aux types dans le sens de l'extension consistent en exécution de voies supplémentaires, maisons d'habitation, hangars à marchandises séparés, hangars à céréales et à bois, remises à voitures.

Les tableaux annexés au présent Rapport (annexes X 1, X 2, X 3) indiquent la répartition des stations le long des diverses lignes. Les locaux répondent aux exigences du trafic actuel, et suffiraient encore même en supposant une augmentation notable de ce trafic. La construction de stations est conçue d'après de bons modèles allemands, et l'exécution des bâtiments, notamment des grands hangars avec caves de Constantinople et d'Andrinople, et des magasins établis à Dédéagatch avec colonnes et poutres en fer, répond à toutes les règles de l'art.

La disposition et les dimensions des localités destinées au service des voyageurs, ainsi que la combinaison qui consiste à réunir le bâtiment de station au hangar à marchandises dans les stations de deuxième et de troisième classe, ne répondraient guère au besoin des stations secondaires dans les pays civilisés. Il en serait notamment ainsi de la réunion des deux bâtiments dont nous venons de parler, qui créerait des difficultés réelles pour un trafic de quelque développement.

Ici, au contraire, cette disposition se justifie par le manque d'employés sûrs, et la nécessité où l'on se trouve de concentrer dans une même main plusieurs fonctions diverses : — d'autant plus que les habitudes de la population locale influent sur l'agencement des localités destinées au service des voyageurs et en amènent la diminution. Le besoin d'abri et de confort est si faible chez les habitants, qu'ils n'emploient même pas les salles d'attente existantes, et que, dans quelques stations, ces salles ont pu être utilisées pour y coucher des employés, pour y établir un service de pharmacie, etc.

La station de Constantinople se trouve actuellement, à l'exception d'un solide hangar à marchandises (voir le procès-verbal du 21 octobre), et à l'exception des voies, dans un état provisoire. Le plan approuvé de cette station n'est encore exécuté que pour la plus faible partie. Effectivement, il ne serait pas rationnel d'y élever d'autres constructions définitives, aussi longtemps qu'on ne pourra pas se faire une idée, même approximative, du développement du trafic que cette station devra desservir. La quantité et la qualité de ce développement, ainsi que l'étendue des localités qu'il rendra nécessaires, dépendent absolument de l'établissement des communications entre la terre et la mer ; et ces communications ne peuvent être efficacement organisées que par la création du quai sur la Corne d'Or, que le Gouvernement ottoman s'est, par contrat, engagé à construire.

De même, à Dédéagatch, le développement de la station se rattache à l'établissement d'un grand bassin, permettant à des navires d'un tonnage considérable d'accoster à des quais qui seraient reliés directement à la station.

Les annexes X 1, X 2, X 3 indiquent la distribution des divers appareils, ponts à bascules, plaques tournantes, alimentations. Cette distribution peut suffire pour les besoins actuels : toutefois, il deviendra nécessaire d'augmenter le nombre des appareils d'alimentation en en établissant de nouveaux sur plusieurs points, aussitôt que le trafic prendra quelque accroissement un peu important. Il y a des inconvénients sérieux à laisser entre deux stations d'alimentation consécutives des distances comme celle de Philippopoli à Sarembey (53 kilom.) ou d'Andrinople à Hermanli (environ 63 kilomètres), si l'exploitation doit être assurée contre toutes difficultés, telles que tempêtes, tourmentes de neige, etc., etc.

La Société a d'ailleurs reconnu elle-même la nécessité de multiplier les appareils d'alimentation, en établissant à cet effet quelques appareils provisoires.

En ce qui concerne la distance des stations entre elles, distance qui est entièrement conforme aux plans approuvés, mais qui a soulevé quelques critiques, il est impossible de formuler un reproche sérieux, si l'on considère la manière dont le pays est habité. Quand on parcourt les régions desservies par le chemin de fer, on se demande comment il serait possible d'intercaler, avec la moindre apparence de nécessité, de nouvelles stations dans la ligne. Si le besoin vient à s'en manifester, il sera facile d'y satisfaire.

Un reproche beaucoup plus sérieux qui a été adressé par le public à l'Administration de la Société, c'est celui qui concerne la distance laissée entre les stations et les localités les plus importantes, dont la ligne reste assez éloignée dans presque tous les cas.

Il est hors de doute que dans des pays parvenus à un plus haut degré de développement, on aurait très fortement diminué les distances en dressant les projets, sans se laisser détourner par la considération des hautes eaux et des difficultés de terrain. C'est ce qui a eu lieu par exemple à Vérone, à Mantoue, à Comorn et à Venise, où les circonstances locales présentaient de bien plus grandes difficultés que n'en offraient les vallées dont il s'agit ici. Mais les travaux nécessaires pour se rapprocher ainsi des villes ont entraîné des frais très considérables, et exigent des grands travaux d'entretien, en rapport avec le produit des lignes dont ils font partie. En outre, l'éloignement des localités en question présente beaucoup moins d'inconvénients en Turquie qu'il n'en aurait dans des pays civilisés, tant à cause du peu de prix que la population locale attache au temps et au confort, qu'à cause de la facilité et du bon marché du transport des personnes par cheval, âne ou charrette, et à cause du peu d'importance économique et industrielle que présentent dans ce pays des localités même assez considérables. On peut donc dire que le choix du tracé de la ligne et la position des stations semblent motivés dans la plupart des cas. D'ailleurs ils ont été approuvés et contrôlés en cours d'exécution par le Gouvernement.

Les mouvements de trains et de matériel aux abords et dans l'intérieur des stations de Constantinople et de la banlieue sont couverts par des appareils de protection bien agencés, consistant en disques et en signaux à forme de bras ; et dans les autres stations, la position des aiguilles d'entrée et de sortie est indiquée par des disques-signaux éclairés la nuit.

Le système simple de signaux faits par drapeaux, sifflet et cor, système qui est en vigueur sur les lignes, suffit parfaitement pour assurer le service sur la voie et la marche des trains, étant donné les conditions peu compliquées dans lesquelles l'exploitation s'exerce.

Les explications qui précèdent, et qui reproduisent les résultats auxquels est arrivée la Commission soussignée, démontrent :

Que les lignes de chemins de fer partant de Constantinople et construites par la Société Impériale des chemins de fer de la Turquie d'Europe en liquidation, ont été exécutées conformément aux plans et types approuvés par le Gouvernement ottoman, qu'elles répondent aux règles de l'art, et qu'elles peuvent être exploitées en toute sécurité, quand même le trafic y prendrait des proportions beaucoup plus considérables que celles qu'il comporte actuellement.

Constantinople, le 2 novembre 1874.

Signé : Hartwich.
» de Weber.
» Roeckl.

ANNEXE IV

RAPPORT

DE LA COMMISSION ITALIENNE

NOMMÉE SUR LA DEMANDE

DU TRIBUNAL CONSULAIRE ITALIEN DE SALONIQUE

PAR LE COLLÈGE DES INGÉNIEURS DE MILAN

à l'effet de vérifier l'état

DU

CHEMIN DE FER DE SALONIQUE A MITROVITZA

Le 28 Octobre 1874,

Sur la demande de Monsieur Henri Bariola, Associé Gérant de l'Entreprise Italienne **Henri Bariola et Cie,**

Le Tribunal Consulaire d'Italie à Salonique a chargé le Collège des Ingénieurs et Architectes de Milan de désigner trois experts qui auraient pour mission :

d'examiner sur les lieux le Chemin de fer de **Salonique à Uskub et Mitrovitza** et de voir si cette ligne correspond dans son ensemble et dans ses détails aux règles d'une bonne construction, si elle permet une exploitation sûre et régulière, et si elle répond aux conditions établies par les cahiers des charges et aux projets approuvés ;

enfin de consigner leurs observations dans un rapport au Consulat Italien de Salonique.

Origine et mandat de la Commission Italienne.

Le Collège des Ingénieurs de Milan, représenté par son Président et par son Comité, nous ayant désignés, nous soussignés, pour remplir la mission définie par le Consul Italien de Salonique, nous nous sommes rendus auprès de ce Consul, et après avoir prêté serment entre ses mains, le 10 novembre dernier, et nous être fait remettre et avoir examiné les plans, profils, types adoptés etc., nous avons visité la ligne de Salonique à Mitrovitza dans un train spécial mis à notre disposition par la Compagnie d'exploitation.

. . . .

A quoi se réduisent les critiques formulées.

Après cet examen minutieux de l'état de la ligne, que reste-t-il de toutes les observations et de toutes les critiques formulées sur la ligne **Salonique-Mitrovitza?**

Une irrégularité locale et accidentelle dans une courbe, irrégularité sans aucune importance et qui va être corrigée ; quelques lézardes dans la culée d'un seul pont sur les 800 ouvrages d'art que présente la ligne, et qui ont été déjà complètement réparées ; quelques dégâts à trois ponts d'importance secondaire, produits par un orage tout à fait extraordinaire.

Situation réelle des choses.

Et par contre une ligne qui présente un tracé parfaitement étudié et un profil bien meilleur que celui qu'on aurait pu proposer d'après le Cahier des charges si l'on n'avait eu en vue que l'économie immédiate de la construction; des ouvrages d'art d'une ouverture plus que suffisante pour le libre écoulement des eaux, solidement construits et dont un grand nombre sont entièrement en maçonnerie, quoiqu'on eût pu, d'après le Cahier des charges, ne construire en maçonnerie que les culées; une voie bien établie, des Stations plus vastes qu'il ne serait nécessaire et en nombre bien suffisant pour l'activité actuelle du trafic ; une ligne munie de clôtures convenables aux stations et aux passages des lieux habités, et pourvue de maisons de garde en nombre suffisant; enfin une ligne qui se prête à la marche de trains à grande vitesse.

Et tout cela a été réalisé par la Société H. Bariola et Cie dans le court espace de trois ans, qui ne lui laissait pas le loisir de méditer longtemps ses plans, dans des localités où les transports s'exécutent encore à dos de bêtes de somme, où six mois de pluie font suite parfois à six mois de sécheresse, où la chaleur varie entre 39° au dessus de zéro et 29° au dessous, où il fallait tout créer et amener une armée d'ouvriers et d'employés étrangers que la fièvre et les privations faisaient fuir. Des ponts furent brûlés par la malveillance et des employés assassinés. Nous-mêmes nous avons eu, pendant notre voyage, l'occasion de constater l'utilité des gardes armés dont la Société d'exploitation avait garni ses stations et ses ponts et dont elle avait cru utile de garnir aussi notre train spécial.

Toutes ces circonstances, jointes aux crues énormes et imprévues qui entravèrent les travaux et décidèrent les constructeurs à exhausser la voie ferrée sur de longs parcours, ont été vaincues par la Société H. Bariola et Cie avec une énergie et un talent que nous sommes en devoir de reconnaître.

Nous ne pouvons donc que féliciter le Gouvernement Ottoman d'avoir eu affaire à des constructeurs aussi habiles et aussi consciencieux, d'avoir donné son approbation à leurs plans et d'en avoir reçu les travaux.

Conclusion et Jugement de la Commission Italienne.

Et pour conclure nous déclarons à l'unanimité :

1° Que le chemin de fer **Salonique-Mitrovitza** se trouve construit suivant les règles de l'art, dans son ensemble et dans ses détails, et en état de se prêter à une exploitation régulière.

Jugement final.

2° Que la construction de cette ligne exécutée par l'Entreprise H. Bariola et Cie répond entièrement aux conventions, aux Cahiers des charges et aux plans approuvés.

Milan, le 28 Décembre 1874.

Signé : A. Ferrucci
» A. Milesi
» E. Stamm.

TABLE DES MATIÈRES

NOTE

ANNEXES

VERSAILLES. — IMPRIMERIE CERF ET FILS, 59, RUE DUPLESSIS.

9 782013 576642